JN012640

ただきたいが、ここでは、そのエッセンスに触れ、補足をしたいと思う。

　ずばり、熊野先生の御指導を仰ぐ意味は、難関校合格への「GPS」を得るということである。熊野先生の御指導のことを、長男の体験記では「海図」、次男の体験記では「羅針盤」と表現したが、次男の中学受験が終了して3年半経った今、思うことは、「羅針盤」以上に正確な「GPS」であった、ということだ。熊野先生の御指導の中では、具体的な問題演習を通じて、過去に指導された難関校受験生との関係で、自分がどの位置にいるか、ということが示される。難関校に特化した御指導を長年されてきた熊野先生だからこそ可能な正確さだと思う。

　長男や次男も大手受験塾に通った。目に見えるライバルの中で切磋琢磨する塾という環境は、もちろん大いに意味がある。しかし、果たして、通塾だけで難関校対策は十分であろうか。読者の中には、通塾だけでも大変なのに、さらに時間的、経済的負担を増やして家庭教師の指導を受けることに懐疑的な方もいらっしゃるかもしれない。そして、残酷なことに、受験には「どこまでやったから100％大丈夫」という保証はない。しかし、難関校を目指すのであれば、熊野先生の確かな御指導により、算数の偏差値が高位安定することは大きなアドバンテージになることは間違いない。

　熊野先生の御指導は、通塾は大前提の上で、これを補完するもの

となっている。「補完」と書いたが、本書でも触れられているように、難関校合格のための補完であって、塾の復習テスト（例えば、サピックスでは「マンスリーテスト」と言っているもの）対策としての補完ではない。

　復習テストによるクラスの上昇・下降に保護者が一喜一憂する気持ちは、私も経験者として分からないわけではないが、最終目的は難関校への合格であって、目先のクラスの上昇ではないことは忘れてはならないと思う。

　復習テスト対策を家庭教師にお願いすることには、私自身も違和感を持っていたので、熊野先生の方針に「我が意を得たり」と感じたものだ。もちろん、復習テストを疎かにしてよいとは言わないが、それは日々の通塾や復習の範囲内で取り組めばよいのであって、難関校を目指すのであれば、思考系応用問題にまとまった時間を割くという熊野先生の方針は理にかなっている。

　そんな余裕があることを言えるのは、あなたの息子が優秀だったからだろう、と思われるかもしれないので付け加えておくと、長男も次男も塾の最上位クラスを維持し続けるような優等生の部類では全くなく、二段階以上のクラスの下降も経験している。

　熊野先生との出会いが、御著書『算数ハイレベル問題集』を書店で偶然手にして、解説の分かりやすさなどに衝撃を受けたことから始まった、ということは長男の体験記に書かせていただいた。同様に、今、この本を手にされた受験生の保護者の方は本当に幸運だと

感じる。熊野先生から直接御指導を仰ぐ機会がなくても、難関校を目指す受験生の保護者が知っておくべきことや心構えのポイントが書かれている。熊野先生から本書の原稿を読ませていただいたが、息子を御指導いただいていた当時に先生がおっしゃっていたことが、まさに甦ってくるようであった。

　そして、本書の内容に納得されたならば、是非、熊野先生の御指導を仰いでみることをお薦めしたい。

J１君（筑波大学附属駒場中学進学）・
J２君（開成中学進学）のお父様

オンライン家庭教師のご案内

　中学受験生を対象に、Zoom による算数の受験指導（オンライン家庭教師）を行っております。

　下記サイトに詳細を書いておりますので、指導を希望される方はご参照ください。

公式サイト「中学受験の戦略」
https://www.kumano-takaya.com/

【主な難関校の合格状況】

　開成：合格率 77％（22 名中 17 名合格、2010 ～ 2023 年度）

　聖光学院：合格率 86％（21 名中 18 名合格、2010 ～ 2023 年度）

　渋谷幕張：合格率 81％（26 名中 21 名合格、2010 ～ 2023 年度）

　桜蔭＋豊島岡＋女子学院：合格率 82％（17 名中 14 名合格、2016 ～ 2023 年度）

　※合格率は「受講期間 7 ヶ月以上（平均 1 年 7 ヶ月）」等の条件を満たし、算数以外の科目について実力が一定以上の受講者を対象に算出しています。

【2016 〜 2023 年度の主な合格実績】

開成 13 名、聖光学院 16 名、渋谷幕張 17 名、灘 5 名、筑波大駒場 4 名、桜蔭 5 名、豊島岡 8 名、女子学院 1 名、麻布 5 名、栄光学園 4 名、駒場東邦 1 名、武蔵 2 名、渋谷渋谷 4 名、早稲田 3 名、慶應普通部 1 名、慶應中等部（1 次）1 名、慶應湘南藤沢（1 次）1 名、筑波大附 1 名、海城 8 名、西大和学園 18 名、海陽（特別給費生）6 名、広尾学園（医進）3 名、浅野 3 名、浦和明の星 7 名

※「受講期間 7 ヶ月以上（平均 1 年 7 ヶ月）」等の条件を満たす受講者を対象にしています。

【主な指導実績】

・サピックス模試 1 位、筑駒模試 1 位（4 年 12 月、筑波大駒場、開成、聖光学院、渋谷幕張）

・サピックス模試 1 桁順位、筑駒模試 1 位（新 5 年 2 月、筑波大駒場、開成、渋谷幕張）

・サピックス模試 1 桁順位（4 年 9 月、筑波大駒場、灘、開成、渋谷幕張、栄光学園）

・合不合模試・算数 1 位、算数偏差値 75（5 年 6 月、筑波大駒場、麻布、聖光学院、渋谷幕張）

・サピックス模試・算数偏差値 76（新 5 年 2 月、聖光学院、渋谷幕張）

・サピックス模試・算数偏差値 75（5 年 4 月、聖光学院、海陽・

特別給費生）

・桜蔭模試・算数偏差値75（新6年2月、桜蔭、豊島岡）

・サピックス模試1位、算数偏差値79（新6年2月、筑波大駒場、灘、開成、海陽・特別給費生）

・サピックス模試1桁順位（6年6月、灘、開成、西大和学園）

・サピックス模試・算数偏差値76（4年7月、渋谷幕張、海陽・特別給費生）

・サピックス模試・算数偏差値78（新4年2月、開成、聖光学院、渋谷幕張、西大和学園）

・開成模試3位（4年5月、開成、聖光学院、渋谷幕張、西大和学園）

・サピックス模試1桁順位（5年5月、麻布、渋谷幕張、西大和学園）

・桜蔭模試・算数偏差値80、総合1位（5年6月、桜蔭、豊島岡、渋谷幕張、西大和学園）

・開成模試・13回連続で合格判定（5年4月、開成、聖光学院、渋谷幕張、西大和学園）

・灘模試・偏差値70（5年7月、灘、開成、栄光学園、海陽・特別給費生、西大和学園）

・サピックス模試・算数偏差値78（新6年2月、灘、渋谷幕張、西大和学園）

・開成模試・算数1位（4年1月、聖光学院、渋谷渋谷・特待合格、西大和学園）

※かっこ内は、開始時期と主な合格校です。

メールマガジンのご案内

不定期でメールマガジンを発行しております。
配信を希望される方は、下記サイトからご登録ください。

公式サイト「中学受験の戦略」
https://www.kumano-takaya.com/

【過去のテーマ（抜粋）】

・算数で勝負しやすい学校・しづらい学校

・学校別模試では時間配分が鍵になる

・「都合のいい情報」を求めない

・「適度な過大評価」が才能を伸ばす

・狭いスペースで解く

・現状を立体的に把握する

・入試に平常心で臨む方法

・解法に幅を持たせる

・練習校受験にも「予習」は必要

・時間度外視の学習には再現性がない

・「手を抜く」ことも必要

■著者紹介■

熊野　孝哉（くまの・たかや）

中学受験算数専門のプロ家庭教師。甲陽学院中学・高校、東京大学卒。
開成中合格率77％（22名中17名合格、2010～2023年度）、聖光学院中
合格率86％（21名中18名合格、2010～2023年度）、渋谷幕張中合格率
81％（26名中21名合格、2010～2023年度）、女子最難関中（桜蔭、豊島岡、女子学院）合格率
82％（17名中14名合格、2016～2023年度）など、特に難関校受験で高い成功率を残している。

公式サイト「中学受験の戦略」
https://www.kumano-takaya.com/

主な著書に
『算数の戦略的学習法・難関中学編』
『算数の戦略的学習法』
『場合の数・入試で差がつく51題』
『速さと比・入試で差がつく45題』
『図形・入試で差がつく50題』
『文章題・入試で差がつく56題』
『比を使って文章題を速く簡単に解く方法』
『詳しいメモで理解する文章題・基礎固めの75題』
『算数ハイレベル問題集』（エール出版社）がある。

また、『プレジデントファミリー』（プレジデント社）において、
「中学受験の定番13教材の賢い使い方」（2008年11月号）
「短期間で算数をグンと伸ばす方法」（2013年10月号）
「家庭で攻略可能！二大トップ校が求める力」（2010年5月号、灘中算数を担当）など、
中学受験算数に関する記事を多数執筆。

中学受験 算数専門プロ家庭教師・熊野孝哉が提言する
難関校合格への 62 の戦略

2021 年 10 月 5 日	初版第 1 刷発行	
2021 年 12 月 16 日	初版第 2 刷発行	
2023 年 3 月 13 日	初版第 3 刷発行	

著　者　　熊　野　孝　哉
編集人　清水智則　発行所　エール出版社
〒 101-0052　東京都千代田区神田小川町 2-12　信愛ビル 4 F
電話　03(3291)0306　　FAX　03(3291)0310
メール　info@yell-books.com

© 禁無断転載　乱丁・落丁本はおとりかえします。

＊定価はカバーに表示してあります。

© 禁無断転載

ISBN978-4-7539-3511-6

★中学受験算数専門のプロ家庭教師・熊野孝哉の本★

中学受験 算数の戦略的学習法 改訂3版

● 中学受験算数専門のプロ家庭教師・熊野孝哉による解説書。中学受験を効率的・効果的に進めていくための戦略を紹介。偏差値を10〜15上げる最新の攻略法を公開。巻末には付録として「プレジデントファミリー」掲載記事などを収録。

本体1500円（税別）ISBN978-4-7539-3443-0

中学受験 算数の戦略的学習法 難関中学編

● 中学受験算数専門のプロ家庭教師・熊野孝哉による問題集。難関校対策に絞った塾の選び方から、先取り学習の仕方、時期別の学習法まで詳しく解説。過去の執筆記事なども収録。

本体1500円（税別）ISBN978-4-7539-3348-8

熊野孝哉の「場合の数」入試で差がつく51題＋17題 改訂5版

● 中学受験算数専門のプロ家庭教師・熊野孝哉による問題集。「場合の数」の代表的な問題（基本51題＋応用17題）を厳選し、大好評の「手書きメモ」でわかりやすく解説。短期間で「場合の数」を得点源にしたい受験生におすすめの1冊。補充問題17問付き!!

本体1500円（税別）ISBN978-4-7539-3475-1

熊野孝哉の「図形」入試で差がつく50題＋4題 増補改訂版

● 中学受験算数専門のプロ家庭教師・熊野孝哉による問題集。「図形」の代表的な問題（中堅校向け20題＋上位校向け20題＋難関校向け10題）を厳選し、大好評の「手書きメモ」でわかりやすく解説。短期間で「図形」を得点源にしたい受験生におすすめの1冊。

本体1500円（税別）ISBN978-4-7539-3487-4

熊野孝哉の「速さと比」入試で差がつく45題＋7題 改訂4版

● 中学受験算数専門のプロ家庭教師・熊野孝哉による問題集。「速さと比」の代表的な問題（基本25題＋応用20題）を厳選し、大好評の「手書きメモ」でわかりやすく解説。短期間で「速さと比」を得点源にしたい受験生におすすめの1冊。補充問題5問付き!! 本体1500円（税別）ISBN978-4-7539-3473-7

中学受験の算数 熊野孝哉の「比」を使って文章題を速く簡単に解く方法 増補改訂3版

● 中学受験算数専門のプロ家庭教師・熊野孝哉による問題集。文章題を方程式に近い「比の解法」で簡単に解く方法を紹介。別解として代表的な解法も「手書きメモ」でわかりやすく解説。短期間で文章題を得点源にしたい受験生におすすめの1冊。 本体1500円（税別）ISBN978-4-7539-3466-9

算数ハイレベル問題集 改訂新版

中学受験算数専門のプロ家庭教師・熊野孝哉による問題集。開成・筑駒などの首都圏最難関校に高い合格率を誇る著者が難関校対策の重要問題（応用60題）を厳選し、大好評の「手書きメモ」でわかりやすく解説。

本体1500円（税別）ISBN978-4-7539-3327-3

難関中学受験生が必ず固めるべき

算数の土台
完成バイブル
123

算数ソムリエ

はじめに

　『灘中・開成中・筑駒中 受験生が必ず解いておくべき算数 101 問』『美しい灘中入試算数大解剖 - 平面図形・数分野 -』は有難いことに大変ご好評をいただいておりますが、"手始めに取り組むには難しい"という方も多くいらっしゃると思います。ハイレベルな問題に対応するための実践的な知識やスキルを効率よく習得できる良書であるという自負はありますが、確かに普通の受験生、ましてや小学 5 年生がいきなり取り組むには少々難しく、取っ付きづらいかと思います。

　そこで、まず手始めとして中学受験算数の基礎概論を総合的に学べるバイブル書の必要性を感じ、本書を用意させていただくことになりました。

　まさにタイトル通り、これから難関中を目指していく上で誰もが必ず固めなければならない土台を完成させるために必要なエッセンスが詰め込まれた内容の本になったと思います。これから算数の基礎を体系的に学んでいこうという小学 3、4 年生の有志や特に小学 5 年生たちにとっては、大変貴重な参考書になるのを確信しています。

　本書に一通り目を通し、理解度を高め演習を積めば、多くの算数の基礎テクニック、基礎理論、考え方や捉え方、重要な動作を習得できます。

　ただし、本書は算数の基礎理論書であることを忘れてはいけません。本書の内容に取り組んだら、次のステップに進むことが必要です。標準レベルの問題集に取り組んだり、志望校の過去問に取り組んだり、また、拙著『灘中・開成中・筑駒中 受験生が必ず解いておくべき算数 101 問』に挑戦するのも良いかもしれません。難問に挑戦する中で不明点や理解不足な単元が見つかったときは、本書に戻ってくるのが最適です。むしろそういった「いつでも基礎に戻れる」という使い方ができる点において、本書は特に優れているのではないかと思います。皆さんの算数力土台形成、そして完成への誘いにぜひお役立ていただければ、これ以上嬉しいことはありません。

使用法

　とにかく、例題とその解説を読み込んでください。解説に書かれているすべてのことを頭にインプットしてください。それこそが本書に取り組む意味であり、それだけで十分と言っても過言ではありません。線を引いてみたり色々書き込んでみたりするなど自分なりに工夫をして、細かいところまで自分の頭の中で常識化できているかどうか何度も何度もチェックしてください。同内容の練習問題を右側ページにつけているテーマもありますので、理解の助けとしてください。

　ここまで言っても、例題とその解説部分を精読せず、流し読みしてなんとなく進めてしまう人がいるのを想像してしまいます。きちんとした算数の基礎力を身につけて欲しいという強い思いからこの本を執筆した著者にとって、それはまったくもって望むところではありません。

　なんとなく分かった気になることほど恐ろしいことはなく、実際の理解度の低さと自分の感覚のズレが大きければ大きいほど、改善すべき点に目を向けられず、いつまでたっても成長できません。

　私は、この本を手に取ったすべての人に、算数の重要な考え方を身につけて得意科目にして欲しいと切に願っています。だからこそ何度も言いますが、例題とその解説部分の細かいところまでしっかりと読み込み、理解し、そっくりそのまま真似できるようになるまでに仕上げてください。それができてこそ、皆さんの論理的思考力の根幹の根の部分がしっかりと根付いたと言え、その後の応用力に繋がっていくのです。

　受験算数基礎の全体像を俯瞰し把握する意味においてもこの参考書は役立つと思いますので、ある程度基本は学び終えた小学6年生も、理解があやしい単元、そもそも苦手な単元の基本的な考え方をもう一度確認したいという時に、本書を辞書のように活用していただくのも効果的と思います。まさに『バイブル』です。

算数力の全体像

　繰り返しますが、本書は算数の基礎理論を全体を通して学べる稀有な参考書です。右ページに算数の基礎理論全体像早見チャートを用意しました。下から順に上に上がっていくイメージです。まずは何よりも「計算力」（正確さ＋スピード）が重要で、計算力に問題がある状態で上に上がっていこうとしても、どこかで崩れ落ちてしまい真の実力が身につきません。建築物と同じで、下から順に土台形成を図っていくことが大切であることを、十分肝に銘じてください。（基礎土台をすっ飛ばして上に登ろうとしてはならない！）

　ですからまずこの本に取り組む前に、あるいは並行して「整数・小数・分数の四則計算」の力を強化することを怠ってはいけません。逆に言うと、本書に取り組む前に最低限の必須事項はそれだけです。

　「計算力」の次に重要なのは「比・割合」条件の処理能力で、これが算数すべてのテーマに関わる重要部分になることがチャートからもうかがい知れるのではないでしょうか。（まさに算数の核、心臓部！）本書ではだからこそ、「比・割合」条件の基礎処理練習からスタートします。さあ皆さん、算数を始めましょう！

2023 年 12 月　　　　　　　　　　　　　　算数ソムリエ拝

《※参考 算数力の基礎 早見チャート》

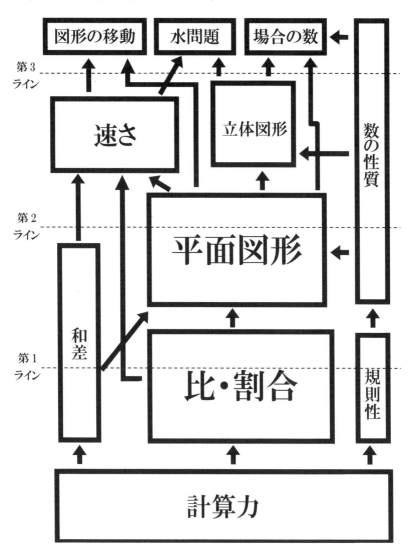

もくじ

<u>テーマ1　約比</u>

できるだけ簡単な整数メモリで比べる

【例題】

次の比を簡単にしなさい。

(1)　$6 : 8$　　　(2)　$0.9 : 1.5$　　　(3)　$\dfrac{1}{2} : \dfrac{1}{3}$

【解説】

(1)　「比」＝最小メモリのいくつ分かで比べる。

> 同じ大きさで割る

　　$6 : 8 = \underline{\mathbf{3 : 4}}$　［2を1メモリとする（両方2で割る）］

(2)　小数の場合は整数メモリに直してから比べましょう。

　　$0.9 : 1.5 = 9 : 15$　［整数にする（両方10を掛ける）］

　　　　　　　 $= \underline{\mathbf{3 : 5}}$　［3を1メモリとする（両方3で割る）］

(3)　分数の場合は通分して分子のメモリで比べましょう。

　　$\dfrac{1}{2} : \dfrac{1}{3} = \dfrac{3}{6} : \dfrac{2}{6}$　［通分する］

　　　　　 $= \underline{3 : 2}$　$\left[\dfrac{1}{6}$を1メモリとする（両方$\dfrac{1}{6}$で割る）$\right]$

▼解答は 224 ページ

1

【練習1】

次の比を簡単にしなさい。

(1)　27 : 6　　　　(2)　8 : 18　　　(3)　18 : 54　　　(4)　16 : 66

(5)　24 : 60　　　(6)　21 : 56　　　(7)　84 : 56　　　(8)　52 : 91

(9)　51 : 85　　　(10)　111 : 148

$$
\begin{pmatrix}
\underline{\text{※ ヒント1　分解}} \\
85 = 5 \times \underset{\sim}{17} \\
\underline{\text{※ ヒント2　差に注目}} \\
111 : 148 \\
\qquad \searrow \quad 差\,\underset{\sim}{37}
\end{pmatrix}
$$

【練習2】

次の比を簡単にしなさい。

(1)　0.6 : 1.5　　　(2)　0.08 : 2.4　　(3)　1.21 : 5.5　　(4)　3.5 : 0.25

(5)　0.125 : 0.25　(6)　$\dfrac{5}{37} : \dfrac{7}{37}$　　(7)　$\dfrac{1}{3} : \dfrac{1}{6}$　　(8)　$\dfrac{1}{5} : \dfrac{1}{3}$

(9)　$\dfrac{3}{8} : \dfrac{5}{6}$　　(10)　$2\dfrac{1}{2} : 1\dfrac{1}{4}$

※ 補足　小数と分数

$$0.5 = \frac{1}{2}$$

$$\div 2 \downarrow \qquad \downarrow \div 2$$

$$0.25 = \frac{1}{4} \xrightarrow{\times 3} 0.75 = \frac{3}{4}$$

$$\div 2 \downarrow \qquad \downarrow \div 2$$

$$0.375 = \frac{3}{8}$$

$$0.125 = \frac{1}{8} \xrightarrow[\substack{\times 3 \\ \times 5 \\ \times 7}]{} \; 0.625 = \frac{5}{8}$$

$$0.875 = \frac{7}{8}$$

テーマ2 比合わせ

同じ大きさを同じメモリでそろえる

【例題】

次のとき、A：B：C を求めなさい。

(1)
A：B ＝ 2：3
B：C ＝ 6：7

(2)
A：B ＝ 3：2
A：C ＝ 4：3

【解説】

それぞれ別のメモリで比べているので、共通のメモリでそろえましょう。

(1)

A	:	B	:	C	
2	:	3			Bに注目すると
		3			←上段のものさしで3メモリ
		6	:	7	←下段のものさしで6メモリ
4	:	6	:	7	←3でも6でも割れる6メモリでそろえる

(2)

A	:	B	:	C	
3	:	2			Aに注目すると
3					←上段のものさしで3メモリ
4			:	3	←下段のものさしで4メモリ
12	:	8	:	9	←3でも4でも割れる12メモリでそろえる

▼解答は 224 ページ

1

【練習】

次のとき、A：B：C を求めなさい。

(1)
A：B = 5：3
B：C = 6：5

(2)
A：B = 3：5
B：C = 3：5

(3)
A：B = 9：4
A：C = 6：5

(4)
A：C = 5：8
B：C = 5：6

(5)
A：B = 1.25：1.5

B：C = 1.8：2

(6)
A：B = $\dfrac{1}{3}$ ： $\dfrac{5}{6}$

A：C = $\dfrac{3}{4}$ ： 1

※補足

(5)、(6)に関して。小数や分数で表された比は、まず、最も簡単な整数の比に直してから（約比してから）比合わせするようにしましょう。

テーマ3　比例式

比の式の解き方3つ

【例題】

次のとき、□に入る数を答えなさい。

$1 : 3 = 2 : □$

【解説】

以下の3つのうち、いずれかの比の性質を利用しましょう。

〈解法1〉左どうし、右どうしを比べる。

$1 : 3 = 2 : □$　　□ $= 3 \times 2 = \underline{6}$

（×2　×2）

〈解法2〉　それぞれの左右の大きさを比べる。

$1 : 3 = 2 : □$　　□ $= 2 \times 3 = \underline{6}$

（×3　×3）

〈解法3〉　内側どうしの積と外側どうしの積は同じです。（内項の積＝外項の積）

積6

$1 : 3 = 2 : □$　　$1 \times □ = 3 \times 2 = 6 → □ = \underline{6}$

積6

▼解答は 224 ページ

1

【練習】

次の□にあてはまる数を求めなさい。

(1)　2 : 3 = 8 : □　　(2)　3 : 5 = 18 : □　　(3)　3 : 7 = □ : 42

(4)　4 : 5 = □ : 65　　(5)　10 : 17 = 5 : □　　(6)　14 : 5 = 2 : □

(7)　7 : 10 = □ : 2　　(8)　12 : 13 = □ : 1　　(9)　17 : 3 = 2 : □

(10)　25 : 12 = 15 : □　(11)　2 : □ = □ : 32　　(12)　9 : □ = □ : 16

（□には同じ数が入ります。）　（□には同じ数が入ります。）

※　補足

(11)、(12)のように、□が２つあるときは、〈解法３〉　**内項の積＝外項の積**を使うと、カンタンに答えが出ます。困ったときは、〈解法３〉を使いましょう。

テーマ4　割合の処理　　**かけ算わり算じゃなく、比で！**

【例題】

次のとき、□に入る数をそれぞれ答えなさい。

(1)　□ m の $\frac{3}{4}$ は 24m です。　　(2)　□ kg の 1.4 倍は 35kg です。

【解説】

割合を見つけたら仮分数で考えて比（メモリ）に直しましょう。

(1)　□ m　　　　24m　　　　①＝ 8

　　④メモリ　　　③メモリ　　　④＝ **32**

　　　　　　× $\frac{3}{4}$

(2)　□kg　　　　35kg　　　　①＝ 5

　　⑤メモリ　　　⑦メモリ　　　⑤＝ **25**

　　　　　　× $\frac{7}{5}$

　　× 1.4 ＝× $\frac{7}{5}$　⇒ **5：7**

　　仮分数で考えれば、瞬時に比がわかる！

【練習】

次の□にあてはまる数を求めなさい。

(1) $\underline{45m}_{⑤}$ の $\frac{3}{5}$ は $\underline{□m}_{③}$ です。

(2) $\underline{42g}_{⑥}$ の $\frac{7}{6}$ は $\underline{□g}_{⑦}$ です。

(3) $\underline{40m}$ は $\underline{□m}$ の $\frac{5}{8}$ です。

(4) $\underline{60 分}$ は $\underline{□分}$ の $\frac{12}{5}$ です。

(5) $\underline{□m}$ の 0.4 倍は $\underline{30m}$ です。

(6) $\underline{40g}$ は $\underline{□g}$ の 1.25 倍です。

> 小数倍は
> 分数倍に

(7) $\underline{12m}$ は $\underline{□m}$ の 0.15 倍です。

(8) $\underline{□m}$ の 1.375 倍は $\underline{55m}$ です。

> 割合条件（〜倍）を見たら、仮分数倍に直し
> 比に変換する習慣を身につけましょう

A は B の $\underline{0.35}$ 倍　⇒　A：B ＝ 7：20
　　　　　 $\underbrace{}_{\frac{7}{20}}$

テーマ5　比づくり

【例題】

AとBの間に次のような関係があるとき、A：Bを求めなさい。

(1)　Aの3倍がBの2倍と等しい。

(2)　Aの8倍がBの24倍と等しい。

(3)　Aの$\frac{3}{4}$倍とBの$\frac{1}{2}$倍が等しい。

【解説】

(1)　 手順1 　$A \times 3 = B \times 2$ 　　と、まず式を作ります。

　　 手順2 　$A \times 3 = B \times 2 = ⑥$　（←3でも2でも割れる小さい数でおきます）

　　 手順3 　$\underset{②}{A} \times 3 = \underset{③}{B} \times 2 = ⑥$

　　　　　　　　　　　　　　　　→A：B＝**2：3**

(2)　 手順1 　$A \times 8 = B \times 24$ 　　と、まず式を作ります。

　　 手順2 　$A \times 8 = B \times 24 = ㉔$　（←8でも24でも割れる小さい数でおきます）

　　 手順3 　$\underset{③}{A} \times 8 = \underset{①}{B} \times 24 = ㉔$

　　　　　　　　　　　　　　　　→A：B＝**3：1**

(3)　 手順1 　$A \times \frac{3}{4} = B \times \frac{1}{2}$ 　　と、まず式を作ります。

　　 手順2 　$A \times \frac{3}{4} = B \times \frac{2}{4}$　（←通分します）

　　 手順3 　$\underset{②}{A} \times 3 = \underset{③}{B} \times 2 = ⑥$　（←(1)(2)と同じように）

　　　　　　　　　　　　　　　　→A：B＝**2：3**

※分子をそろえる、という方法もあります。

【練習 1】

A と B の間に次のような関係があるとき、A：B を求めなさい。

(1)　A の 4 倍が B の 5 倍と等しい。

(2)　A の 12 倍が B の 9 倍と等しい。

(3)　A の 5 倍と B が等しい。

(4)　A の $\frac{2}{5}$ 倍と B の $\frac{1}{3}$ 倍が等しい。

(5)　A の $\frac{4}{9}$ 倍と B の $\frac{6}{7}$ 倍が等しい。

【練習 2】

次の□にあてはまる数を求めなさい。

(1)　A の 3 倍と B の 5 倍が等しく、B の値が 9 のとき、A の値は□です。

(2)　A の 6 倍と B の 8 倍が等しく、A と B の和が 35 のとき、A の値は□です。

(3)　A と B の 7 倍が等しく、A と B の差が 24 のとき、A の値は□です。

【練習 3】逆比とは、逆数の比のことです。次の比の逆比を求めなさい。

(1)　3：7　　(2)　$\frac{2}{5}$：$\frac{2}{3}$　　(3)　$\frac{1}{2}$：$\frac{1}{3}$：$\frac{1}{4}$

※補足
逆数（かけて 1 になる数）とは、分母と分子を入れかえた数、と考えてください。

テーマ1 歩合・百分率

【例題】

次の①〜③の割合について

①0.2　　　　　　　②0.32　　　　　　③0.123

(1) 歩合を用いて表しなさい。　(2) 百分率を用いて表しなさい。

【解説】

(1) 歩合（ぶあい）　　　小数の位の名前。

小数第1位→割（わり），　小数第2位→分（ぶ），　小数第3位→厘（りん），……

①0.2 = **2割**　　②0.32 = **3割2分**　　③0.123 = **1割2分3厘**

（[注意] 0.208 = **2割8厘**　　　0.05 = **5分**）

(2) 百分率（ひゃくぶんりつ）　全体を100メモリとしたときに

何メモリぶんにあたるのかを **%**（パーセント）という単位を使って表したもの。

①$0.2 = \dfrac{2}{10} = \dfrac{20}{100} = \underline{20\%}$　②$0.32 = \dfrac{32}{100} = \underline{32\%}$　③$0.123 = \dfrac{123}{1000} = \dfrac{12.3}{100} = \underline{12.3\%}$

（$\dfrac{□}{100}$ の形に直して考えましょう。分子の□がそのまま%の値です。）

▼解答は 225 ページ

【練習 1】

次の空欄をうめなさい。

小数	0.4	0.12	0.375			
分数				$\dfrac{3}{5}$	$\dfrac{5}{8}$	$\dfrac{3}{50}$
百分率						
歩合						

【練習 2】

次の空欄をうめなさい。

小数						
分数						
百分率				68%	87.5%	8%
歩合	8割	2割5分	4割6分			

※割合の処理　まとめ

〜割合と比は分数で仲介〜

割合 (何倍か)　➡　**分数倍**　➡　**比**

表し方 ⬇

※割合条件は分数倍に直すことで比で表しやすくなる

●**整数倍** (3倍)

●**分数倍** ($\frac{2}{5}$倍)

●**小数倍** (0.125倍)

$\longrightarrow \frac{1}{8}$倍

●**百分率** (45%)

□% = $\frac{□}{100}$倍　$\longrightarrow \frac{45}{100}$倍

●**歩合** (3割7分5厘)

$\longrightarrow 0.375$倍 = $\frac{3}{8}$倍

■ 割合から比へ

(1) $\underset{2}{\underline{A}}$ は $\underset{1}{\underline{B}}$ の2倍
$\quad : \quad$

(2) $\underset{3}{\underline{A}}$ の $\frac{1}{3}$ 倍は $\underset{1}{\underline{B}}$
$\quad : \quad$

(3) $\underset{4}{\underline{A}}$ の ~~0.75~~ 倍は $\underset{3}{\underline{B}}$
$\quad \frac{3}{4} \quad : \quad 3$

(4) $\underset{3}{\underline{A}}$ は $\underset{5}{\underline{B}}$ の ~~60%~~
$\quad 3 : 5 \quad \frac{60}{100}倍 = \frac{3}{5}倍$

(5) $\underline{A}$ の ~~8割7分5厘~~ は $\underline{B}$
$\quad 8 : 0.875倍 = \frac{7}{8}倍 \quad 7$

小数倍
百分率
歩合は
分数倍に直す

■ 比から割合へ

(6) $\underline{200円}$ の何%が $\underline{110円}$?
$\quad ⑳ \qquad ⇧ \qquad ⑪$

$\qquad \frac{11}{20}倍 = \frac{55}{100}倍 \qquad \underline{55\%}$

(7) $\underline{36g}$ は $\underline{80g}$ の何割何分?
$\quad ⑨ \qquad ⑳ \qquad ⇧$

$\qquad \frac{9}{20}倍 = 0.45倍$

$\qquad\qquad \underline{4割5分}$

テーマ2 歩合の計算

【例題】

次の ☐ に入る数を求めなさい。

(1) 700 円の 3 割は ☐ 円です。

(2) ☐ 円の 7 割 5 分は 1200 円です。

(3) 150 円は 250 円の ☐ 割です。

【解説】

Point 歩合を分数で考えて比に直しましょう。

(1) 3 割 $= 0.3 = \dfrac{3}{10}$ 　　700 円 ⤵ ☐円

　　　　　　　　　⑩ $\times \dfrac{3}{10}$ ③

　　　　　　　　　　　　　　　　　① $= 70$

　　　　　　　　　　　　　　　　　③ $= \underline{\textbf{210}}$

(2) 7 割 5 分 $= 0.75 = \dfrac{3}{4}$ 　☐円 ⤴ 1200 円

　　　　　　　　　　④ $\times \dfrac{3}{4}$ ③

　　　　　　　　　　　　　　　　　① $= 400$

　　　　　　　　　　　　　　　　　④ $= \underline{\textbf{1600}}$

(3) 150 円 　　250 円

　　③ ⤴ ⑤

　　　$\times \dfrac{3}{5}$ 　　　　　　$\dfrac{3}{5} = 0.6 = \underline{\textbf{6 （割）}}$

2

【練習】

次の ☐ に入る数を求めなさい。

(1) 640 円の 2 割 5 分は ☐ 円です。

$$\underset{○}{\underline{}} \quad \underset{\underset{\dfrac{1}{4}}{\parallel}}{0.25\,倍} \quad \underset{○}{\underline{}}$$

(2) 500 円の 2 割 4 分は ☐ 円です。

歩合
↓
小数倍
↓
分数倍
↓
比

(3) ☐ 円の 4 割 5 分は 180 円です。

(4) ☐ 円の 3 割 7 分 5 厘は 900 円です。

(5) 60 円は 400 円の ☐ 割 ☐ 分です。

比→分数倍→小数倍→歩合

(6) 20 円は 500 円の ☐ 分です。

テーマ3　百分率の計算

【例題】

次の ☐ に入る数を求めなさい。

(1) 600g の 25%は ☐ g です。

(2) ☐ g の 40%は 1600g です。

(3) 15g は 120g の ☐ %です。

【解説】

> **Point** 百分率を分数で考えて比に直しましょう。

(1) $25\% = \dfrac{25}{100} = \dfrac{1}{4}$

    600g ⟶ ☐ g

    ④ $\times \dfrac{1}{4}$ ①　　　　① = **150**

(2) $40\% = \dfrac{40}{100} = \dfrac{2}{5}$

    ☐ g ⟶ 1600g

    ⑤ $\times \dfrac{2}{5}$ ②　　　　① = 800

    ⑤ = **4000**

(3) 15g　　120g

    ①　　　⑧

    $\times \dfrac{1}{8}$

    $\dfrac{1}{8} = \dfrac{12.5}{100} = $ **12.5 (%)**

【練習】

次の ☐ に入る数を求めなさい。

(1) 680g の 75%は ☐ g です。

(2) 400g の 22%は ☐ g です。

百分率
↓
$\dfrac{\bigstar}{100}$ 倍
↓
約分
↓
比

(3) ☐ g の 35%は 210g です。

(4) ☐ g の 62.5%は 250g です。

(5) 56g は 400g の ☐ %です。

比→分数倍→ $\dfrac{\bigstar}{100}$ 倍→★%
(百分率)

(6) 20g は 250g の ☐ %です。

テーマ1　相当算

【例題】

次の各問いに答えなさい。

(1) あきのぶ君は、所持金の $\frac{1}{5}$ より 100 円多い代金を払って参考書を買い、$\frac{2}{3}$ より 200 円多い代金を払ってノートを買いました。今、あきのぶ君の手もとに 60 円残っているとすると、最初の所持金はいくらでしたか。

(2) こうじ君は、持っているおこづかいの $\frac{2}{3}$ より 40 円少ない金額で算数の本を買い、$\frac{1}{2}$ より 10 円少ない金額でノートを買いました。すると残金が 20 円となりました。はじめの所持金を求めなさい。

(3) ある小学校の人数は、男子の人数の 5 倍より 100 人多く、7 倍より 4 人多いです。この小学校の人数を求めなさい。

【解説】

(1) 最初の所持金を、5 でも 3 でも割れる⑮とすると、

参考書　＝　③＋ 100 ⎫
ノート　＝　⑩＋ 200 ⎬ ⑬＋ 300 $\xrightarrow{+60}$ ⑬＋ $\underset{②}{\underline{360}}$ ＝⑮

①＝ 180　⑮＝ <u>2700</u>（円）

(2) 最初の所持金を、2 でも 3 でも割れる⑥とすると、

算数の本　＝　④－ 40 ⎫
ノート　　＝　③－ 10 ⎬ ⑦－ 50 $\xrightarrow{+20}$ ⑦－ $\underset{①}{\underline{30}}$ ＝⑥

⑥＝ <u>180</u>（円）

(3) 男子の人数を①とすると、全体＝⑤＋ 100 ＝⑦＋ 4
②＝ 96　①＝ 48　　　　⑤＋ 100 ＝ 240 ＋ 100 ＝ <u>340</u>（人）

テーマ2　分配算

【例題】

次の各問いに答えなさい。

(1)　1200円のお金をA、B、Cの3人にわけることになりました。B
　　はAの3倍、CはBの2倍をとるようにするためには、A、B、C
　　はそれぞれ何円ずつとればよいですか。

(2)　1800円のお金をA、B、Cの3人にわけることになりました。B
　　はAの$\frac{3}{4}$、CはBの$\frac{2}{3}$をとるようにするためにはA、B、Cはそれ

　　ぞれ何円ずつとればよいですか。

(3)　1010円をA、B、C3人にわけて、BはAの2倍より30円多く、

　　CはAの$\frac{1}{3}$倍より20円少なくなるようにすると、3人の分け前は、

　　それぞれ何円になるでしょう。

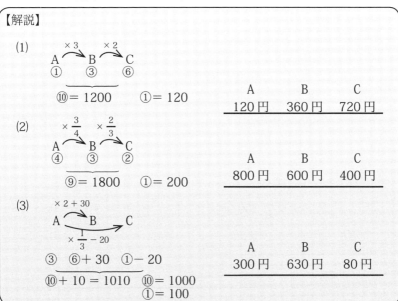

【解説】

(1)
$$A \xrightarrow{\times 3} B \xrightarrow{\times 2} C$$
①　　③　　⑥

⑩ = 1200　　① = 120

A	B	C
120円	360円	720円

(2)
$$A \xrightarrow{\times \frac{3}{4}} B \xrightarrow{\times \frac{2}{3}} C$$
④　　③　　②

⑨ = 1800　　① = 200

A	B	C
800円	600円	400円

(3)
$$A \xrightarrow{\times 2 + 30} B \quad C$$
$$\xrightarrow{\times \frac{1}{3} - 20}$$
③　　⑥ + 30　　① − 20

⑩ + 10 = 1010　　⑩ = 1000
　　　　　　　　　① = 100

A	B	C
300円	630円	80円

テーマ3　倍数算　（差一定）

【例題】

次の各問いに答えなさい。

(1) 兄は 1000 円、弟は 400 円持っていました。2 人とも同じ金額ずつおこづかいをもらったところ、所持金の比は 5：3 になりました。兄はいくらもらいましたか。

(2) 姉は妹の 5 倍のお金を持っていましたが、その後 2 人とも 200 円ずつ使ったので、姉の所持金は妹の 7 倍になりました。はじめ姉はいくら持っていましたか。

【解説】

> **Point** 同じ数だけ増えたり減ったりしても差は変わらない！

(1)

兄	弟	差	
1000 円	400 円	600 円	②＝ 600
↓＋☆	↓＋☆	‖ 差一定	⇒⑤＝ 1500
⑤	③	②	⇒☆＝ **500（円）**

(2)

姉	妹	差	
⑤ △15	① △3	④ 差一定	
↓－200 円	↓－200 円	‖ △12	△1 ＝ 200
⑦ △14	① △2	⑥	で比合わせ⇒ △15 ＝ **3000 円**

▼解答は 226 ページ

【練習】

次の各問いに答えなさい。

(1)　A は 3000 円、B は 4000 円のお金を持っています。2 人が同じ金額ずつ出しあって、1 つのケーキを買ったところ、残りの所持金の比が 3 : 5 になりました。ケーキの代金はいくらですか。

　　（※ケーキの代金は 2 人の支払った合計金額です）

(2)　A は B の 5 倍のお金を持っていましたが、その後 2 人とも 1200 円ずつもらったので、A の金額は B の 2 倍になりました。はじめ A はいくら持っていましたか。

(3)　A は B の 3 倍のお金を持っていましたが、その後 2 人とも 300 円ずつ使ったので、A の金額は B の 4 倍になりました。はじめ A はいくら持っていましたか。

テーマ4　倍数算　(和一定)

【例題】

次の各問いに答えなさい。

(1) 姉は2000円、妹は400円持っていましたが、姉が妹にいくらか
あげたので所持金の比は5：3になりました。姉はいくらあげまし
たか。

(2) 兄は弟の3倍にあたるお金を持っていましたが、弟に300円わた
したので、兄の所持金は弟の2倍になりました。はじめ兄はいくら
持っていましたか。

【解説】

| **Point** | やりとりしても和は変わらない！ |

(1)　　姉　　　　妹　　　　和　　　　　　　　⑧＝2400

2000円　　400円　　2400円　　　　　　　⇒⑤＝1500

↓－☆　　↓＋☆　　‖　　和一定　　⇒☆＝2000－1500

⑤　　　　③　　　　⑧　　　　　　　　　　＝ **500 （円）**

(2)　　兄　　　　弟　　　　和

⑨̸ ⑨̸ ̸ ④̸ ̸ ③̸ ̸ ̸ ④̸ 和一定

↓－300円　↓＋300円　‖　　　⑫　　　①＝300

⑦̸ ⑧̸ ̸ ④̸ ̸ ④̸ ̸ ③̸ で比合わせ⇒ ⑨＝ **2700円**

▼解答は 226 ページ

【練習】

次の各問いに答えなさい。

(1) A は 4000 円、B は 500 円のお金を持っていましたが、A が B に
   いくらかあげたので、所持金の比が 5：4 になりました。A はいくら
   あげましたか。

3

(2) A は B の 5 倍のお金を持っていましたが、A が B に 400 円あげた
   ので、A の金額は B の 2 倍になりました。はじめ A はいくら持って
   いましたか。

(3) A は B の 4 倍のお金を持っていましたが、A が B に 300 円あげた
   ので、A の金額は B の 3 倍になりました。はじめ A はいくら持って
   いましたか。

テーマ5　倍数算　（等式つくり）

【例題】

次の各問いに答えなさい。

(1)　はじめ兄は弟の2倍より500円多く持っていましたが、兄が1700円、弟が300円使ったので、弟の残りのお金は兄の残りのお金の2倍になりました。はじめ弟はいくら持っていたでしょう。

(2)　姉は妹の3倍のお金を持っていましたが、姉が400円、妹が300円使ったので、残金は姉が妹の4倍になりました。はじめ姉はいくら持っていましたか。

【解説】

| **Point** | 和や差の一定が使えないときは割合の条件を利用して等式を作ろう！ |

(1)
兄	弟
②＋500	①
↓－1700	↓－300
②－1200 :	①－300 ＝1:2

(②－1200)×2 ＝①－300
④－2400 ＝①－300
③＝2100
①＝ **700 （円）**

(③－400):(①－300)＝4:1
↓「内項の積＝外項の積」を利用
(③－400)×1＝(①－300)×4
③－400 ＝④－1200
①＝800
③＝ **2400 （円）**

(2)
姉	妹
③	①
↓－400	↓－300
③－400 :	①－300 ＝4:1

▼解答は 226 ページ

【練習】

次の各問いに答えなさい。

(1)　はじめ兄は弟の2倍より800円多く持っていましたが、兄が200円、弟が400円使ったので、兄の残りのお金は弟の残りのお金の4倍になりました。はじめ弟はいくら持っていたでしょう。

3

(2)　姉は妹の2倍のお金を持っていましたが、姉が300円、妹が200円使ったので、姉の残りのお金は妹の残りのお金の3倍になりました。はじめ妹はいくら持っていたでしょう。

(3)　はじめ A と B の所持金の比は4：3でしたが、その後 A は200円もらい、B は100円使ったので、A と B の所持金の比は3：2になりました。はじめ A はいくら持っていましたか。

テーマ1　平行線と角

【例題】

下の図において、角⑦＝50°のとき、角 x，角 y の大きさをそれぞれ求めなさい。

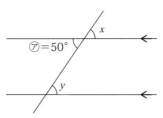

【解説】

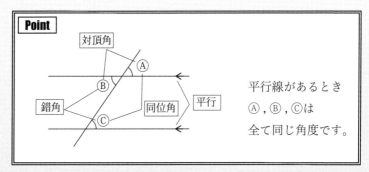

Point

対頂角

Ⓐ

Ⓑ

錯角

Ⓒ

同位角

平行

平行線があるとき
Ⓐ , Ⓑ , Ⓒは
全て同じ角度です。

角 x は角⑦の対頂角なので $x =$ **50** （°）

角 y は角⑦の錯角なので $y =$ **50** （°）

（角 y は角 x の同位角なので $y =$ **50** （°））

▼解答は 226 ページ

【練習】

次の角 x の大きさをそれぞれ求めなさい。

(1)

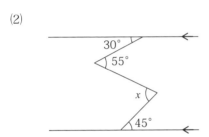

↓のように平行な補助線を引けば錯角が利用できます。

4

(2)

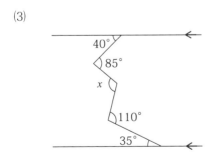

(3)

テーマ2　外角定理

【例題】

次の角 x の大きさをそれぞれ求めなさい。

(1)

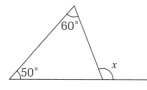

(2)

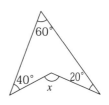

【解説】

(1)

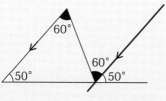

$x = 50 + 60 = \underline{110}$ (°)

(2)

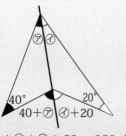

$x = 40 + \underset{60°}{\underline{⑦+④}} + 20 = \underline{120}$ (°)

Point　外角定理

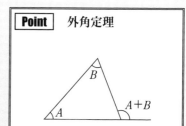

Point　ブーメラン

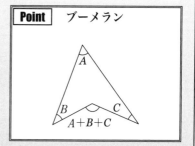

【練習】

次の角 x の大きさをそれぞれ求めなさい。

(1)

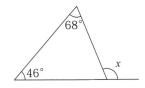

(2)

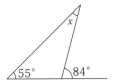

4

(3)

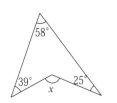

(4)

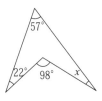

(5)

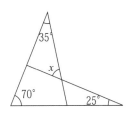

(6)

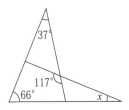

テーマ3　内角の和・外角の和

【例題】

次の問いに答えなさい。

(1)　六角形の内角の和は何度ですか。

(2)　六角形の外角の和は何度ですか。

(3)　正六角形の1つの内角は何度ですか。

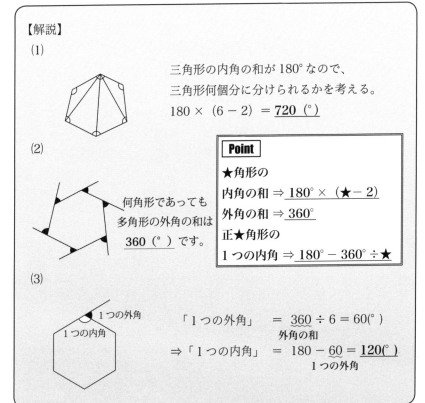

【解説】

(1)

三角形の内角の和が180°なので、

三角形何個分に分けられるかを考える。

$180 × (6 - 2) = \underline{720}$（°）

(2)

何角形であっても
多角形の外角の和は
$\underline{360}$（°）です。

Point

★角形の

内角の和 ⇒ $\underline{180° × (★ - 2)}$

外角の和 ⇒ $\underline{360°}$

正★角形の

1つの内角 ⇒ $\underline{180° - 360° ÷ ★}$

(3)

1つの外角

1つの内角

「1つの外角」 = $\underline{360 ÷ 6 = 60}$（°）
　　　　　　　　　外角の和

⇒「1つの内角」 = $180 - \underline{60} = \underline{120}$（°）
　　　　　　　　　　　　1つの外角

テーマ4　対角線の本数・対称軸の本数

【例題】

次の問いに答えなさい。

(1) 正五角形の対角線は全部で何本引けますか。

(2) 正五角形と正六角形の対称軸の本数をそれぞれ求めなさい。

4

【解説】

(1)　1つの頂点からは、「自分と両どなりの3点」以外
　　の頂点に向かって、5 − 3 = 2(本)ずつ引くこと
　　ができます。

5つすべての頂点から引くと、2本ずつ
×5頂点から = 10(本)引けますが、1
本の線を両方向から2回ずつ重ねて数え
てしまっているので、10 ÷ 2 = **5（本）**
と求めることができます。

| **Point** | ★角形の対角線の総数　⇒　(★ − 3) ×★÷ 2本 |

(2)　対称軸とは……折り曲げてぴったり重なる図形の**折り目**のことです。

正五角形のとき
⇒　**5（本）**

正六角形のとき
⇒　**6（本）**

| **Point** | 正★角形の対称軸の総数　⇒　★本 |

No.5 平面図形の求積

テーマ1　高さ見つけ〜30°問題・45°問題〜

【例題】

次の三角形の面積をそれぞれ求めなさい。

(1)

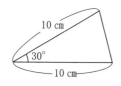

(2)

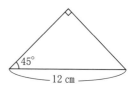

【解説】

 Point

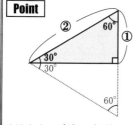

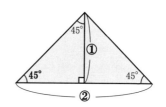

30°をもつ直角三角形　　や、　　45°をもつ直角三角形　において、

正三角形の半分　　　　　　　　直角二等辺三角形

上図のように、「**2：1**」　の関係が成り立ちます。

(1)

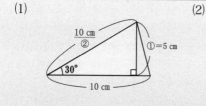

$10 \times 5 \div 2 = \underline{\textbf{25}(\text{cm}^2)}$

(2)

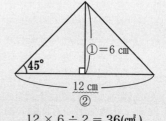

$12 \times 6 \div 2 = \underline{\textbf{36}(\text{cm}^2)}$

▼解答は 226 ページ

【練習 1 】

次の三角形の面積をそれぞれ求めなさい。

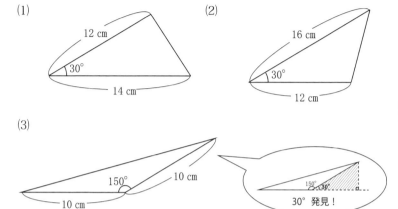

(1)

12 cm
30°
14 cm

(2)

16 cm
30°
12 cm

(3)

150°
10 cm
10 cm

150° 30°
30° 発見！

5

【練習 2 】

次の斜線部分の面積をそれぞれ求めなさい。

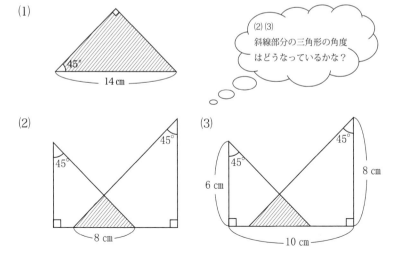

(1)

45°
14 cm

(2)(3)
斜線部分の三角形の角度
はどうなっているかな？

(2)

45°
45°
8 cm

(3)

45°
45°
6 cm
8 cm
10 cm

テーマ2 複合図形の求積①～全体から引く～

【例題】

図の網目部分の面積を求めなさい。

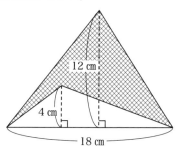

【解説】

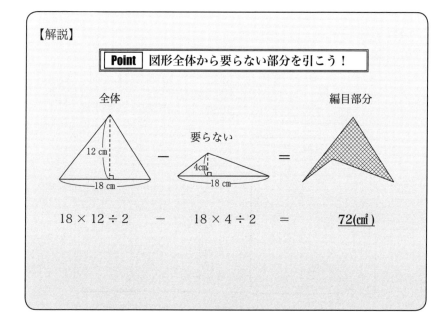

| Point | 図形全体から要らない部分を引こう！ |

全体　　　　　　　　　　　　　　　　　　　編目部分

要らない

$18 \times 12 \div 2$ ー $18 \times 4 \div 2$ ＝ $\underline{72}(\text{cm}^2)$

▼解答は 226 ページ

【練習】

次の斜線部分の面積をそれぞれ求めなさい。

(1)

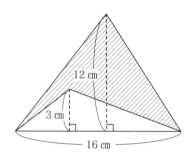

(2)

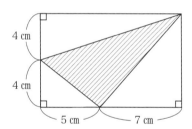

(3)

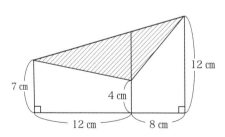

テーマ3　複合図形の求積②〜分ける〜

【例題】

図の網目部分の面積を求めなさい。

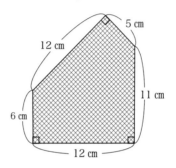

【解説】

> **Point** 簡単な図形に分けましょう！

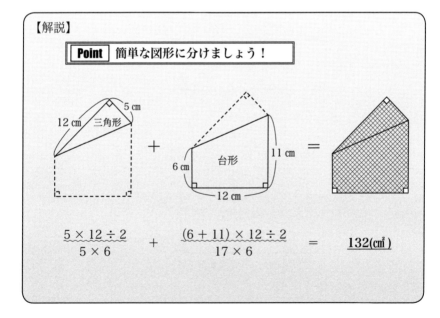

$$\underset{5 \times 6}{\underline{5 \times 12 \div 2}} \quad + \quad \underset{17 \times 6}{\underline{(6 + 11) \times 12 \div 2}} \quad = \quad \underline{\textbf{132}(\text{cm}^2)}$$

▼解答は 227 ページ

【練習】

次の斜線部分の面積をそれぞれ求めなさい。

(1)

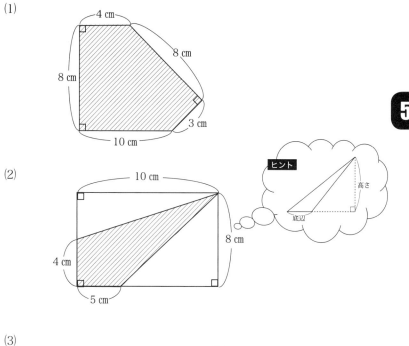

(2)

(3)

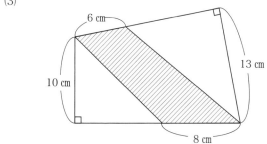

テーマ4　複合図形の求積③〜移動する〜

【例題】

図の網目部分の面積を求めなさい。

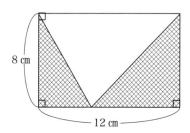

【解説】

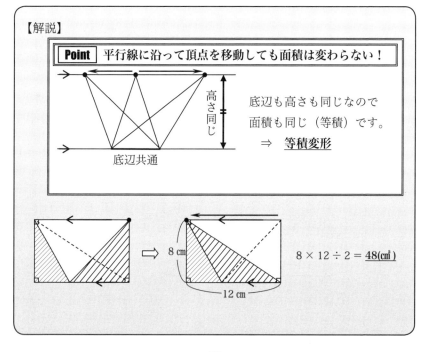

| **Point** | 平行線に沿って頂点を移動しても面積は変わらない！ |

底辺も高さも同じなので
面積も同じ（等積）です。

　⇒　**等積変形**

底辺共通

高さ同じ

$8 \times 12 \div 2 = \underline{48}(\text{cm}^2)$

【練習】

次の斜線部分の面積をそれぞれ求めなさい。

(1)

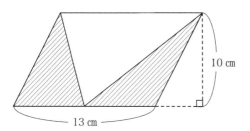

10 cm

13 cm

(2)

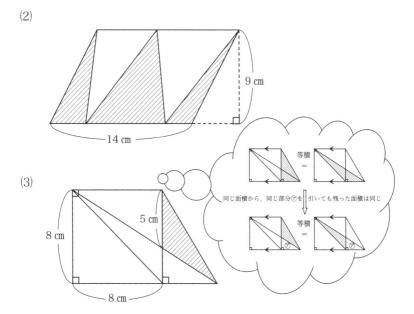

9 cm

14 cm

(3)

5 cm

8 cm

8 cm

等積 ＝

同じ面積から、同じ部分⑦を引いても残った面積は同じ

等積 ＝

テーマ1 相似<ruby>そうじ</ruby>

【例題】

下の図のように、相似な2つの三角形 ABC と PQR があります。

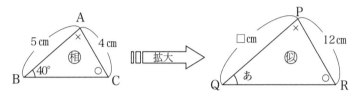

(1) 三角形ABCの頂点Aには、三角形PQRのどの頂点が対応しますか。

(2) 角 PQR（＝角あ）の角度を求めなさい。

(3) 三角形 ABC と三角形 PQR の相似比を求めなさい。

(4) 辺 PQ の長さを求めなさい。

【解説】

> **Point** **相似**とは…**形が同じ**で**大きさが違う**関係のこと。（＝拡大・縮小の関係）

(1) 対応する頂点や辺を正確にとらえましょう。角 A ＝角 P ＝×なので、
同じ場所
頂点 A と対応するのは**頂点 P**

(2) 形が同じなので対応する角の大きさも同じです。角 ABC ＝角 PQR ＝ **40(°)**

(3) > **Point** **相似比**とは…対応する辺の比のこと。

対応する辺 AC と辺 PR の比より、 4cm：12cm＝ **1：3**

(4) 相似比が1：3なので対応する辺の比はすべて1：3

辺 AB：辺 PQ ＝ 1：3 ＝ 5cm：□cm　　□＝ **15(cm)**

▼解答は 227 ページ

【練習】

下の三角形⑦は三角形⑦を縮小したものです。

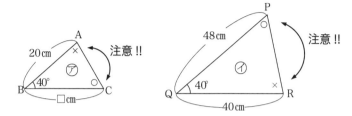

(1) ⑦の辺 AB には、⑦のどの辺が対応しますか。

(2) 三角形⑦と⑦の相似比を求めなさい。

(3) 辺 BC の長さを求めなさい。

テーマ2 ピラミッド相似

【例題】

□にあてはまる値を求めなさい。

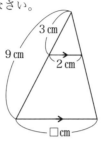

【解説】

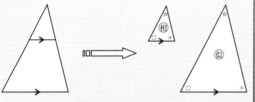

平行線があるとき、同位角が等しいので、上部分の
小さな三角形と全体の大きな三角形は相似です。

Point

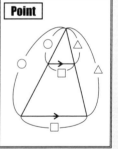

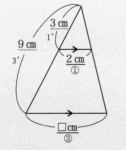

対応する辺の比を読み取って

3cm：9cm＝1'：3'　　相似比　**1：3**

対応する辺の比はすべて1：3なので

2cm：□cm＝①：③　　□＝ **6（cm）**

▼解答は 227 ページ

【練習 1】　□にあてはまる値を求めなさい。

(1)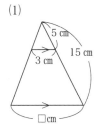

(2)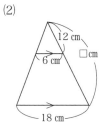

(3)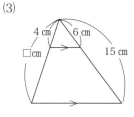

6

【練習 2】　□にあてはまる値を求めなさい。

(1)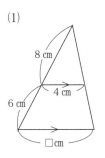

(2)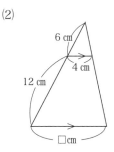

(3)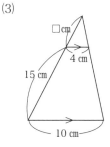

テーマ3 ちょうちょう相似

【例題】

□にあてはまる値を求めなさい。

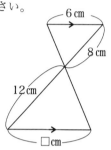

【解説】

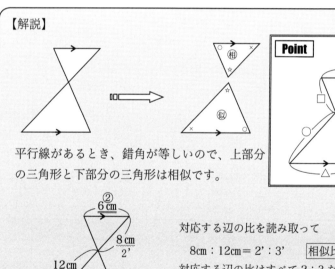

平行線があるとき、錯角が等しいので、上部分の三角形と下部分の三角形は相似です。

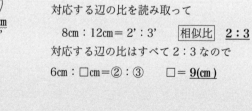

対応する辺の比を読み取って

8cm：12cm＝2'：3'　相似比　**2：3**

対応する辺の比はすべて2：3なので

6cm：□cm＝②：③　　□＝**9(cm)**

▼解答は 227 ページ

【練習1】 □にあてはまる値を求めなさい。

(1)

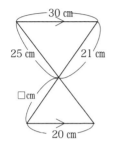

(2)

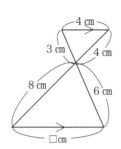

【練習2】 □にあてはまる値を求めなさい。

(1)

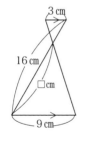

(2)

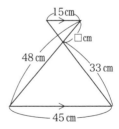

テーマ4 直角三角形相似

【例題】

□にあてはまる値を求めなさい。

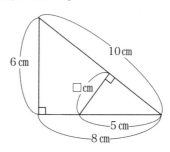

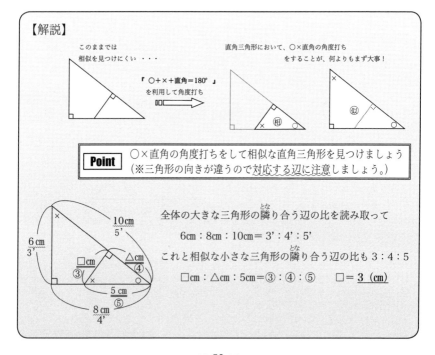

【解説】

このままでは
相似を見つけにくい・・・

『 ○＋×＋直角＝180° 』
を利用して角度打ち

直角三角形において、○×直角の角度打ち
をすることが、何よりもまず大事！

| **Point** | ○×直角の角度打ちをして相似な直角三角形を見つけましょう
（※三角形の向きが違うので対応する辺に注意しましょう。） |

全体の大きな三角形の隣り合う辺の比を読み取って

6cm：8cm：10cm＝3'：4'：5'

これと相似な小さな三角形の隣り合う辺の比も 3：4：5

□cm：△cm：5cm＝③：④：⑤　　□＝ **3 (cm)**

▼解答は 227 ページ

【練習 1】□にあてはまる値を求めなさい。

(1)

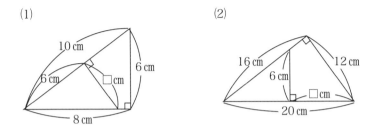

(2)

6

【練習 2】 □にあてはまる値を求めなさい。

(1)

(2)

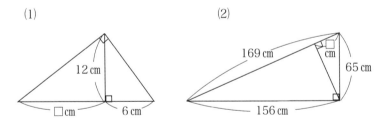

テーマ1　底辺の比×高さの比＝面積比

【例題】

図1と図2の三角形の面積比を求めなさい。

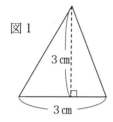

図1

3 cm

3 cm

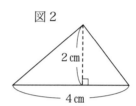

図2

2 cm

4 cm

【解説】

$$\underset{\text{底辺}}{\frac{3}{}} \times \underset{\text{高さ}}{\frac{3}{}} \div 2 \quad : \quad \underset{\text{底辺}}{\frac{4}{}} \times \underset{\text{高さ}}{\frac{2}{}} \div 2 = \underline{\mathbf{9 : 8}}$$

同じ数をかけたり、同じ数で割ったりしても比は変わらないので、

「÷2」を無視して、**底辺の比と高さの比のみ注目**すれば OK !!

底辺の比	3	:	4
×	×		×
高さの比	3	:	2
‖	‖		‖
面積比	9	:	8

Point

三角形の面積比

底辺の比×高さの比＝面積比

【練習】

(1) 下の図3と図4の三角形の面積比を、右の表を使って求めなさい。

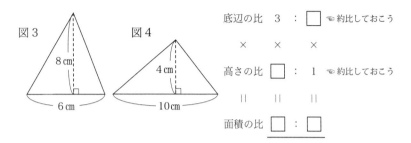

底辺の比　3　：　☐　☞約比しておこう

　　　×　　　×　　　×

高さの比　☐　：　1　☞約比しておこう

　　　‖　　　‖　　　‖

面積の比　☐　：　☐

(2) 下の図5と図6の三角形の面積比を、右の表を使って求めなさい。

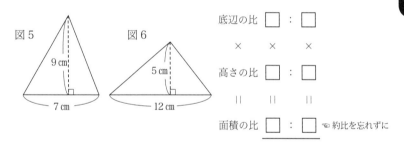

底辺の比　☐　：　☐

　　　×　　　×　　　×

高さの比　☐　：　☐

　　　‖　　　‖　　　‖

面積の比　☐　：　☐　☞約比を忘れずに

(3) 下の図7と図8の三角形の面積比を、右の表を使って求めなさい。

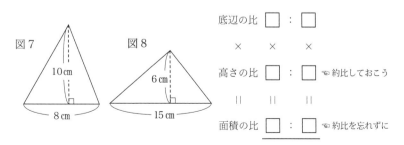

底辺の比　☐　：　☐

　　　×　　　×　　　×

高さの比　☐　：　☐　☞約比しておこう

　　　‖　　　‖　　　‖

面積の比　☐　：　☐　☞約比を忘れずに

テーマ2 等高図形の面積比

【例題】

三角形 ABD と三角形 ADC の面積比を求めなさい。

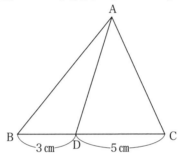

【解説】

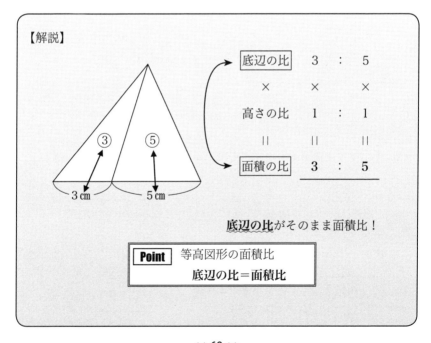

底辺の比	3	:	5
×	×		×
高さの比	1	:	1
‖	‖		‖
面積の比	3	:	5

底辺の比がそのまま面積比！

Point	等高図形の面積比
	底辺の比＝面積比

▼解答は 228 ページ

【練習1】 それぞれの図で三角形 ABD と三角形 ADC の面積比を求めなさい。

(1)

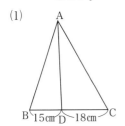

(2)

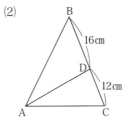

【練習2】 それぞれの図で斜線部分の面積は全体の三角形の面積の何倍になりますか。

(1)

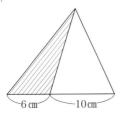

(2)

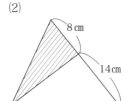

【練習3】 それぞれの図で斜線部分の面積は三角形 ABC の面積の何倍になりますか。

(1)

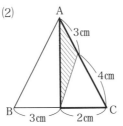

(2)

(3)

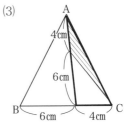

ヒント まず太枠部分の三角形が全体の何倍になっているかを考えよう！

テーマ3 等底図形の面積比

【例題】

三角形 ABC と三角形 BCD の面積比を求めなさい。

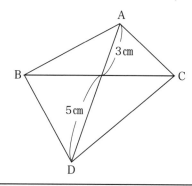

【解説】

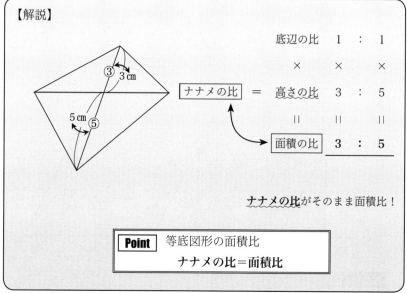

底辺の比　　1　：　1

　　　　　×　　×　　×

ナナメの比　＝　高さの比　　3　：　5

　　　　　‖　　‖　　‖

面積の比　　　　**3　：　5**

ナナメの比がそのまま面積比！

| **Point** | 等底図形の面積比 |

ナナメの比＝面積比

▼解答は 228 ページ

【練習1】

　右図で AO：OC ＝ 7：3 のとき、三角形 ABD の面積と三角形 BCD の面積の比を求めなさい。

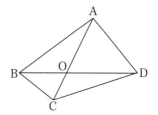

【練習2】

　右図で AD：OD ＝ 7：5 のとき、三角形 ABC の面積と三角形 OBC の面積の比を求めなさい。

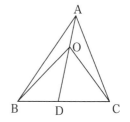

【練習3】

　右図で AO：OD ＝ 2：5 のとき、四角形 ABOC の面積と三角形 ABC の面積の比を求めなさい。

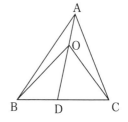

テーマ4　相似な図形の面積比

【例題】

三角形 ABC と三角形 ADE の面積比を求めなさい。

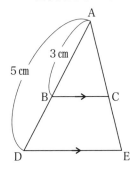

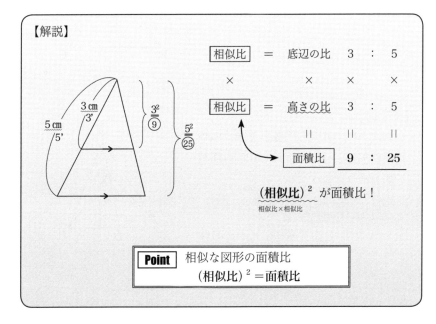

【解説】

		底辺の比	3	:	5
相似比	=				

× × × ×

相似比	=	高さの比	3	:	5

‖ ‖ ‖

| 面積比 | | | 9 | : | 25 |

(相似比)^2 が面積比！

相似比×相似比

Point	相似な図形の面積比 (相似比)^2 ＝面積比

▼解答は 228 ～ 229 ページ

【練習1】　次のそれぞれの図で三角形 ABC と三角形 ADE の面積比を求めなさい。

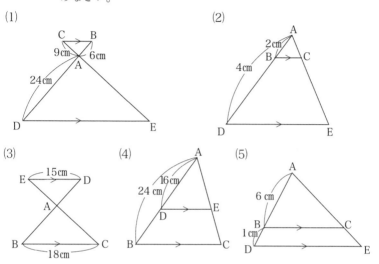

(1)

(2)

(3)

(4)

(5)

【練習2】　次のそれぞれの図で斜線部分の面積が三角形 ABC の面積の何倍にあたるのかを求めなさい。

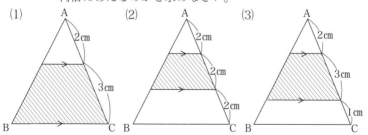

(1)

(2)

(3)

ヒント　比べることができるのは三角形どうし！台形は大きい三角形から小さい三角形を引きましょう。

テーマ1 *濃度*

【例題】

次の□にあてはまる値を求めなさい。

(1) □%の食塩水 200g には食塩が 30g とけています。

(2) 食塩 24g を水 126g にとかすと□%の食塩水ができます。

【解説】

水溶液の濃度（濃さ）とは中身の割合を百分率（%）で表したものです。

Point

$$\frac{中身}{全体} = \frac{☆}{100} = ☆\%$$

(1) 全体（食塩水）が 200g，中身（食塩）が 30g なので、

$$\frac{中身}{全体} = \frac{30}{200} = \frac{15}{100} = \underline{15\ (\%)}$$

（$\div 2$）

(2) 食塩 24g ＋水 126g ＝食塩水 150g だから、

全体が 150g，中身が 24g なので、

$$\frac{中身}{全体} = \frac{24}{150} = \frac{8}{50} = \frac{16}{100} = \underline{16\ (\%)}$$

（$\div 3$ $\times 2$）

Technique

途中で都合のいい約分を
はさむことで計算をラクにしましょう！

▼解答は 229 ページ

【練習】 次の□にあてはまる値を求めなさい。

(1) □%の食塩水 300g には食塩が 24g とけています。

$$\frac{24}{300} = \frac{}{100} = \underline{}(\%)$$

(2) □%の食塩水 60g には食塩が 9g とけています。

$$\frac{9}{60} = \frac{}{20} = \frac{}{100} = \underline{}(\%)$$

(3) □%の食塩水 250g には食塩が 40g とけています。

$$\frac{}{250} = \frac{}{50} = \frac{}{100} = \underline{}(\%)$$

(4) 食塩 20g を水 180g にとかすと□%の食塩水ができます。

$$\frac{20}{} = \frac{}{100} = \underline{}(\%)$$

(5) 食塩 52g を水 208g にとかすと□%の食塩水ができます。

$$\frac{52}{} = \frac{1}{} = \frac{}{100} = \underline{}(\%)$$

8

テーマ2 中身求め・全体求め

【例題】

次の□にあてはまる値を求めなさい。

(1) 12%の食塩水 500g の中の食塩の量は□ g です。
(2) 8%の食塩水□ g の中には 28g の食塩が含まれています。

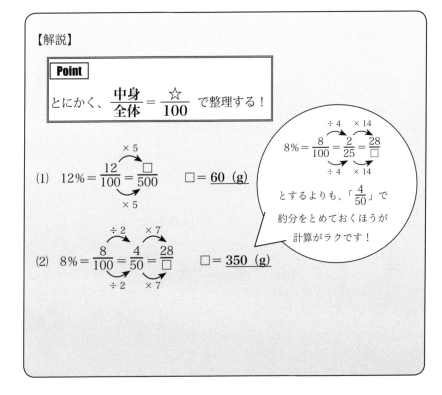

【解説】

Point

とにかく、$\dfrac{\text{中身}}{\text{全体}} = \dfrac{☆}{100}$ で整理する！

(1) $12\% = \dfrac{12}{100} = \dfrac{□}{500}$ □ = **60** **(g)**

$8\% = \dfrac{8}{100} = \dfrac{2}{25} = \dfrac{28}{□}$

とするよりも、「$\dfrac{4}{50}$」で
約分をとめておくほうが
計算がラクです！

(2) $8\% = \dfrac{8}{100} = \dfrac{4}{50} = \dfrac{28}{□}$ □ = **350** **(g)**

▼解答は 229 ページ

【練習】 次の□にあてはまる値を求めなさい。

(1) 10%の食塩水 320g の中の食塩の量は□ g です。

$$10\% \ = \ \frac{}{100} \ = \ \frac{}{10} \ = \ \frac{\square}{320} \qquad\qquad \square = \underline{\qquad\qquad} \textbf{(g)}$$

(2) 12%の食塩水 350g の中の食塩の量は□ g です。

$$12\% \ = \ \frac{}{100} \ = \ \frac{}{50} \ = \ \frac{\square}{350} \qquad\qquad \square = \underline{\qquad\qquad} \textbf{(g)}$$

(3) 6%の食塩水□ g の中には 27g の食塩が含まれています。

$$6\% \ = \ \frac{}{100} \ = \ \frac{}{50} \ = \ \frac{27}{\square} \qquad\qquad \square = \underline{\qquad\qquad} \textbf{(g)}$$

(4) 15%の食塩水□ g の中には 18g の食塩が含まれています。

$$15\% \ = \ \frac{}{100} \ = \ \frac{}{20} \ = \ \frac{18}{\square} \qquad\qquad \square = \underline{\qquad\qquad} \textbf{(g)}$$

テーマ3　水入れ・蒸発

【例題】

次の問いにあてはまる値を求めなさい。

(1)　10％の食塩水 300g に 200g の水を加えると、何％の食塩水になりますか。

(2)　6％の食塩水 400g から何 g の水を蒸発させると、8％の食塩水になりますか。

【解説】

> **Point**　水入れ・蒸発　⇒　中身の量変化しない！

中身一定

(1)　$\dfrac{30}{300}$ ＋ $\dfrac{0}{200}$ ⇒ $\dfrac{30}{500}$ ＝ **6（%）**

中身一定

(2)　$\dfrac{24}{400}$ － $\dfrac{0}{\square}$ ⇒ $\dfrac{24}{\triangle}$ ＝ 8（%）＝ $\dfrac{8}{100}$

$\triangle = 300(g)$ → $\square = 400 - 300 = \underline{\textbf{100(g)}}$

▼解答は 229 ページ

【練習】

(1) 10％の食塩水 240g に 60g の水を加えると、何％の食塩水になりますか。

$$\frac{}{240} \quad + \quad \frac{0}{=} \quad \Rightarrow \quad \frac{}{} \quad = \quad \underline{\qquad} \text{(%)}$$

(2) 6％の食塩水 300g に何 g の水を加えると、4％の食塩水になりますか。

$$\frac{}{300} \quad + \quad \frac{}{\square} \quad \Rightarrow \quad \frac{}{\triangle} \quad = \quad 4 \text{ (%)}$$

$$\triangle \quad = \quad \text{(g)} \rightarrow \square = \underline{\qquad} \text{(g)}$$

(3) 8％の食塩水 600g から 200g の水を蒸発させると、何％の食塩水になりますか。

$$\frac{}{600} \quad - \quad \frac{0}{=} \quad \Rightarrow \quad \frac{}{} \quad = \quad \underline{\qquad} \text{(%)}$$

(4) 5％の食塩水 360g から何 g の水を蒸発させると、8％の食塩水になりますか。

$$\frac{}{360} \quad - \quad \frac{}{\square} \quad \Rightarrow \quad \frac{}{\triangle} \quad = \quad 8 \text{ (%)}$$

$$\triangle \quad = \quad \text{(g)} \rightarrow \square = \underline{\qquad} \text{(g)}$$

テーマ4 混合（こんごう）

【例題】

13％の食塩水 100g と 19％の食塩水 200g を混（ま）ぜると、何％の食塩水
になりますか。

【解説】

> **Point**
> 混合は　**てんびん**　を利用して整理

≪てんびん法≫

1．まず、てんびんのうでの両端に食塩水の濃度を書きます。
2．両端にその食塩水の重さをつるします。
3．つるした重さの逆比がうでの長さの比になります。
4．つりあった場所が混合したあとの濃度になります。

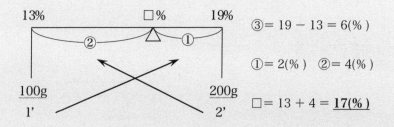

13%　　　　　　　□%　　　　19%

③= 19 － 13 = 6(%)

①= 2(%)　②= 4(%)

100g　　　　　　　　　200g
1'　　　　　　　　　　2'

□= 13 ＋ 4 = **17(%)**

▼解答は 229 ページ

【練習】

(1) 10％の食塩水 200g と 15％の食塩水 300g を混ぜると、何％の食塩水になりますか。

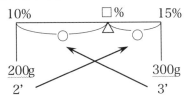

(2) 11％の食塩水 80g と何％の食塩水 240g を混ぜると、20％の食塩水になりますか。

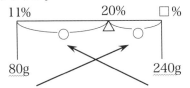

(3) 8％の食塩水 150g と 22％の食塩水 200g を混ぜると、何％の食塩水になりますか。

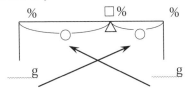

(4) 19％の食塩水 160g に食塩 20g を混ぜると、何％の食塩水になりますか。

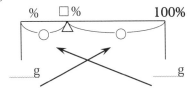

食塩は 100％の食塩水
水は 0％の食塩水
と考えることができます。

テーマ1　割増し

【例題】

次の各問いに答えなさい。

(1)　500円の品物に4割の利益を見込むと定価はいくらになりますか。

(2)　ある品物に6割の利益を見込んで定価をつけると640円です。
　　この品物の原価はいくらですか。

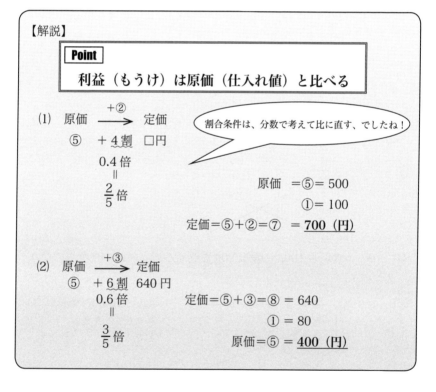

【解説】

Point

利益（もうけ）は原価（仕入れ値）と比べる

(1)　原価 $\xrightarrow{+②}$ 定価

⑤　＋4割　□円

0.4倍
＝
$\frac{2}{5}$倍

割合条件は、分数で考えて比に直す、でしたね！

原価　＝⑤＝ 500

①＝ 100

定価＝⑤＋②＝⑦　＝ **700（円）**

(2)　原価 $\xrightarrow{+③}$ 定価

⑤　＋6割　640円

0.6倍
＝
$\frac{3}{5}$倍

定価＝⑤＋③＝⑧ ＝ 640

①＝ 80

原価＝⑤ ＝ **400（円）**

▼解答は 229 ページ

【練習】

(1) 原価 600 円の品物に 3 割の利益を見込むと定価はいくらになりますか。

原価 $\xrightarrow{+\bigcirc}$ 定価

○   + 3 割

□倍

"3割" という割合条件を
分数に直して、比で考える
のです！

(2) 原価 500 円の品物に 1 割 5 分の利益を見込むと定価はいくらになりますか。

原価 $\xrightarrow{+\bigcirc}$ 定価

○   + 1 割 5 分

□倍

(3) ある品物に 2 割 5 分の利益を見込んで定価をつけると 350 円です。この品物の原価はいくらですか。

原価 $\xrightarrow{+\bigcirc}$ 定価

○   + 2 割 5 分

□倍

9

(4) ある品物に 1 割 2 分の利益を見込んで定価をつけると 840 円です。この品物の原価はいくらですか。

原価 $\xrightarrow{+\bigcirc}$ 定価

○   + 1 割 2 分

□倍

テーマ2　割引き

【例題】

次の各問いに答えなさい。

(1) 定価600円の品物の1割5分引きは何円ですか。

(2) 定価の2割5分引きが360円のとき、定価は何円ですか。

【解説】

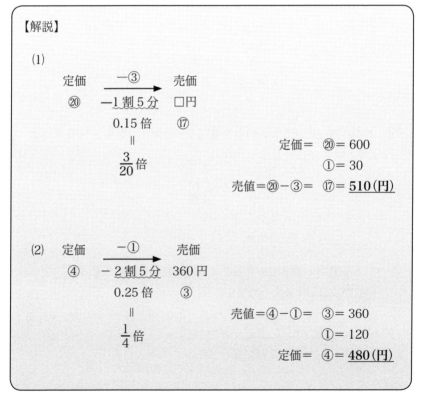

(1)

定価 ──③→ 売価
⑳ ─1割5分 □円
　0.15倍 ⑰
　　‖
　$\frac{3}{20}$ 倍

定価＝ ⑳＝600
　　　①＝30
売値＝⑳−③＝ ⑰＝ **510（円）**

(2) 定価 ──①→ 売価
　　④ ─2割5分 360円
　　0.25倍 ③
　　　‖
　　$\frac{1}{4}$ 倍

売値＝④−①＝ ③＝360
　　　①＝120
定価＝ ④＝ **480（円）**

▼解答は 229 ページ

【練習】

(1) 定価 650 円の品物の 2 割引きは何円ですか。

定価　　　──◯──→　　　売価
◯　　　　－ 2 割

□倍（分数倍に直す）

割合条件
↓
分数倍
↓
比

(2) 定価 800 円の品物の 4 割 5 分引きは何円ですか。

定価　　　──◯──→　　　売価
◯　　　　－ 4 割 5 分

□倍（分数倍に直す）

(3) 定価の 5 分引きが 380 円のとき、定価は何円ですか。

定価　　　──◯──→　　　売価
◯　　　　－ 5 分

□倍（分数倍に直す）

(4) 定価の 2 割 8 分引きが 540 円のとき、定価は何円ですか。

定価　　　──◯──→　　　売価
◯　　　　－ 2 割 8 分

□倍（分数倍に直す）

テーマ3 原価・定価・売価の整理

【例題】

次の各問いに答えなさい。

(1) 500円で仕入れた品物に2割のもうけを見込んで定価をつけましたが、売るときに1割引きで売りました。いくらで売りましたか。

(2) 原価の2割5分の利益を見込んで定価をつけた品物を、定価の1割6分引きの630円で売りました。原価はいくらですか。

【解説】

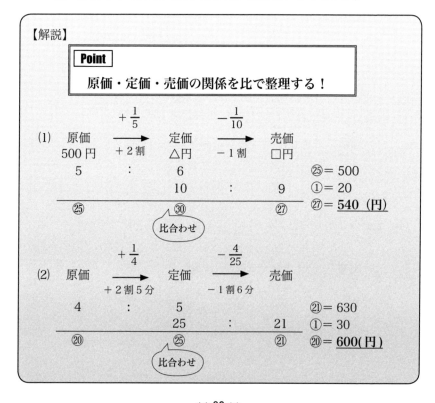

Point

原価・定価・売価の関係を比で整理する！

(1)

	$+\frac{1}{5}$		$-\frac{1}{10}$	
原価	→	定価	→	売価
500円	+2割	△円	-1割	□円
5	:	6		
		10	:	9

㉕＝500
①＝20
㉗＝**540**（円）

㉕　　㉚（比合わせ）　　㉗

(2)

	$+\frac{1}{4}$		$-\frac{4}{25}$	
原価	→	定価	→	売価
	+2割5分		-1割6分	
4	:	5		
		25	:	21

㉑＝630
①＝30
⑳＝**600**(円)

⑳　　㉕（比合わせ）　　㉑

▼解答は 229 ページ

【練習】

(1) 1500 円で仕入れた品物に 5 割のもうけを見込んで定価をつけましたが、売るときに 2 割引きで売りました。いくらで売りましたか。

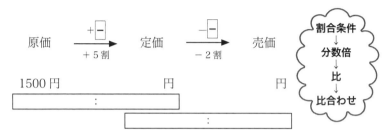

(2) 原価の 6 割の利益を見込んで定価をつけた品物を、定価の 2 割 5 分引きの 420 円で売りました。原価はいくらですか。

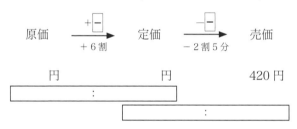

(3) 原価の 3 割の利益を見込んで定価をつけた品物を、定価の 2 割引きの 1040 円で売りました。原価はいくらですか。

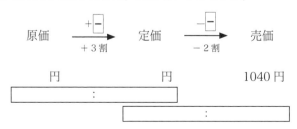

No.9 損益売買算（商売）

テーマ4　多数売り・バーゲン

【例題】

(1)　1個100円で30個仕入れた品物に2割のもうけを見込んで定価
をつけて、すべて売りました。もうけはいくらですか。
(2)　1個150円で60個の商品を仕入れて、2割の利益を見込んで定
価をつけて40個売りました。残り20個は定価の1割引きで売り
ました。利益はいくらでしたか。

【解説】

> **Point**
> ≪総売り上げ≫　－　≪総仕入れ値≫　＝　≪総利益≫
> の式を整理すれば、どんな多数売り問題でも解けます！

(1)　≪総売り上げ≫　－　≪総仕入れ値≫　＝　≪総利益≫

$\underline{120 \times 30}$　－　$\underline{100 \times 30}$　＝　**600（円）**

3600　　　　　　　　3000

(2)　≪総売り上げ≫　－　≪総仕入れ値≫　＝　≪総利益≫

$\underline{180 \times 40}$　－　$\underline{150 \times 60}$　＝　**1440（円）**

$\underline{162 \times 20}$　　　　　　9000

計 10440

それぞれの項目について箇条書きに整理しよう！

▼解答は 229 ページ

【練習】

(1) 1 個 40 円で 400 個仕入れた品物に 5 割のもうけを見込んで定価を
つけて、350 個だけ売れました。利益はいくらになりますか。

　　　≪総売り上げ≫－　≪総仕入れ値≫　＝　≪総利益≫

(2) ある品物を 1 個 500 円で 500 個仕入れ、それに 2 割の利益を見込
んで定価をつけて、1 日目に 300 個売りました。2 日目には残り 200
個を定価の 1 割引きですべて売りました。2 日間の利益はいくらです
か。

　　　≪総売り上げ≫－　≪総仕入れ値≫　＝　≪総利益≫

9

(3) ある品物を 1 個 100 円で 1600 個仕入れ、2 割のもうけを見込んで
定価をつけて 1200 個売りました。残り 400 個は割引いて売ったとこ
ろ、総利益が 12800 円になりました。残り 400 個は定価の何割引き
で売りましたか。

　　　≪総売り上げ≫－　≪総仕入れ値≫　＝　≪総利益≫

テーマ5　2通りの値引き

【例題】

ある商品を定価の5分引きで売ると685円の利益があり、2割引きで売ると215円の損になります。

(1)　この商品の定価はいくらですか。

(2)　この商品の原価はいくらですか。

【解説】

Point

2通りの値引き

の条件が与えられているときだけは、**線分図**で整理！

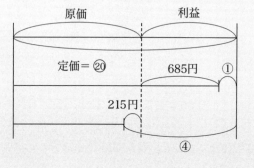

$$5 \text{分引き} = \frac{1}{20} \text{引き}$$

$$2 \text{割引き} = \frac{1}{5} \text{引き}$$

③ = 900 円

① = 300 円

(1)　定価＝⑳＝ **6000 円**

(2)　原価＝⑯＋215 ＝ 4800 ＋ 215 ＝ **5015（円）**

▼解答は 230 ページ

【練習】

⑴ 定価の 2 割引きで売ると 80 円の利益があり、2 割 5 分引きで売る
と 70 円の利益になります。このとき、原価を求めなさい。

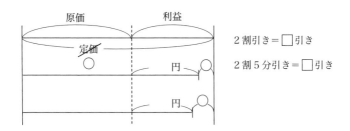

2 割引き＝□引き

2 割 5 分引き＝□引き

⑵ 定価の 20％引きで売ると 400 円の利益があり、30％引きで売ると
50 円の利益になります。このとき、仕入れ値はいくらですか。

⑶ 定価の 1 割引きで売ると 600 円の利益があり、25％引きで売ると
300 円の損になります。このとき、仕入れ値はいくらですか。

テーマ1　約数

【例題】

次の各問いに答えなさい。

(1)　30 の約数の個数は何個ですか。　(2)　36 の約数の個数は何個ですか。

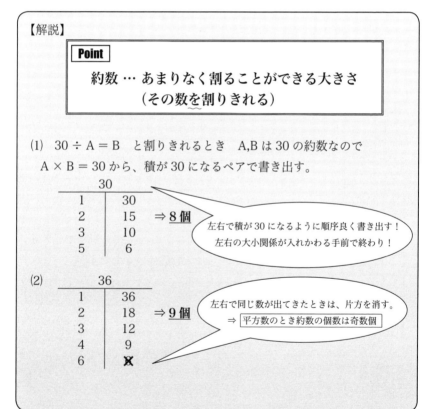

【解説】

> **Point**
>
> ## 約数 … あまりなく割ることができる大きさ
> ## （その数を割りきれる）

(1)　30 ÷ A = B　と割りきれるとき　A,B は 30 の約数なので
　　A × B = 30 から、積が 30 になるペアで書き出す。

	30
1	30
2	15
3	10
5	6

⇒ **8個**

左右で積が 30 になるように順序良く書き出す！
左右の大小関係が入れかわる手前で終わり！

(2)

	36
1	36
2	18
3	12
4	9
6	✗

⇒ **9個**

左右で同じ数が出てきたときは、片方を消す。
⇒ 平方数のとき約数の個数は奇数個

▼解答は 230 ページ

【練習】

(1)　20 の約数の個数は何個ですか。

(2)　48 の約数の個数は何個ですか。

(3)　144 の約数の個数は何個ですか。

10

(4)　約数の個数が奇数個の数は 1 から 100 までに何個ありますか。

No.10 約数

テーマ2　約数の利用

【例題】

次の各問いに答えなさい。

(1)　26 を割れば 2 あまる数は何個ありますか。

(2)　2 つの整数 A と B の差は 12 で B を小さいほうの A で割ると割りきることができます。このとき A にあてはまる数は何個ですか。

【解説】

(1)　あまりのぶんを減らしておくと<u>割りきれます</u>。→約数の利用

$$26 \div \square = \triangle \cdots 2$$

$$24 \div \square = \triangle$$

> 割る数□はあまりの 2 より大きい！

$\square = 24$ の約数 $\Rightarrow$ ~~1~~, ~~2~~, 3, 4, 6, 8, 12, 24 $\Rightarrow$ <u>**6(個)**</u>

(2)　線分図でイメージしてみよう。

割りきれる＝同じ大きさに分けられる→約数の利用

> 差の 12 も A で割ることができる！

$$A = 1, 2, 3, 4, 6, 12 \Rightarrow \underline{\text{6(個)}}$$

▼解答は230ページ

【練習】

次の各問いに答えなさい。

(1) 45を割れば5あまる数のうち最も小さい数はなんですか。

(2) 73を割ると13あまる数は何個ありますか。

(3) 2つの整数AとBの差は20でBを小さいほうのAで割ると割りきることができます。このときAにあてはまる数は何個ですか。

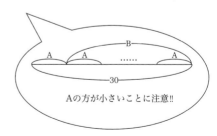

(4) 2つの整数AとBの和は30でBを小さいほうのAで割ると割りきることができます。このときAにあてはまる数は何個ですか。

テーマ3　公約数・最大公約数

【例題】

次の各問いに答えなさい。

(1) 12 と 18 の最大公約数はいくらですか。

(2) 12 と 18 の公約数をすべて求めなさい。

【解説】

Point
公約数……共通する約数
最大公約数（G.C.M.）……公約数の中で一番大きい数

(1) 逆割り算を利用します。

$$\begin{array}{c|cc} 2 & 12 & , & 18 \\ \times & & & \\ 3 & 6 & , & 9 \\ \hline & 2 & , & 3 \end{array}$$ ←両方（3つ以上のときはすべて）を割れる数で割る
←1 以外で割れなくなるまで

6

左の数の積がG.C.M.

(2)

Point
公約数は G.C.M. の約数

12の約数　→　①②③　4　⑥　12
18の約数　→　①②③　⑥　9　18

12と18の公約数　→　1　2　3　6

G.C.M.　→　1, 2, 3, 6

> 12と18の公約数→1,2,3,6
> G.C.M.6の約数→1,2,3,6
> 同じ！

▼解答は 230 ページ

【練習 1】

次の（　　　）内の数の最大公約数を求めなさい。

(1) （48, 64）　　　　(2) （120, 180）

(3) （144, 216）　　　(4) （1001, 1027）

約分や約比と同じく、
見つけにくいときは
差の約数に注目

(5) （24, 36, 48）　　(6) （104, 156, 195）

10

【練習 2】

次の（　　　）内の公約数をすべて求めなさい。

(1) （48, 72）　　　　(2) （64, 96, 160）

テーマ4　公約数の利用

【例題】
次の各問いに答えなさい。

(1)　たて 24cm、横 36cmの長方形の紙から残りがないように、できる
　　だけ大きい合同な正方形を切り取ります。このとき切り取られる正
　　方形の長さは何cmですか。

(2)　50を割れば2あまり、67を割れば3あまる数をすべて求めなさい。

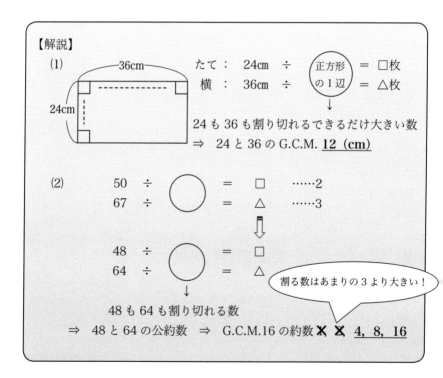

【解説】

(1)

たて：　24cm　÷　(正方形の1辺)　=　□枚
横　：　36cm　÷　(正方形の1辺)　=　△枚

24 も 36 も割り切れるできるだけ大きい数
⇒　24 と 36 の G.C.M. <u>12 (cm)</u>

(2)

50　÷　○　=　□　……2
67　÷　○　=　△　……3

⇓

48　÷　○　=　□
64　÷　○　=　△

48 も 64 も割り切れる数
⇒　48 と 64 の公約数　⇒　G.C.M.16 の約数　✗ ✗ <u>4, 8, 16</u>

割る数はあまりの3より大きい！

テーマ5　素因数分解

【例題】

次の各問いに答えなさい。

(1)　1 から 50 までにある素数をすべて書きなさい。

(2)　18 を素因数分解しなさい。

(3)　60 を素因数分解しなさい。

(4)　84 を素因数分解しなさい。

【解説】

(1)　約数が 2 個しかない数を**素数**といいます。

　1 から 100 までは何度も書いて、すぐに素数だと反応できるようになりましょう。

2,3,5,7,11,13,17,19,23,29,31,37,41,43,47,53,59,61,67,71,73,79,83,89,97

　1 から 100 までに素数が合計 **25 個**あることも覚えておきましょう。

　素数だけの積に数を分解することを素因数分解といいます。

　逆割り算の形で、できるだけ小さい素数から順に割っていきます。

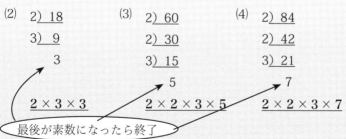

（2）
```
2) 18
3)  9
    3
```
$2 \times 3 \times 3$

（3）
```
2) 60
2) 30
3) 15
    5
```
$2 \times 2 \times 3 \times 5$

（4）
```
2) 84
2) 42
3) 21
    7
```
$2 \times 2 \times 3 \times 7$

最後が素数になったら終了

10

テーマ1 倍数

【例題】

次の各問いに答えなさい。

(1) 100 に最も近い 13 の倍数は何ですか。

(2) 7 で割り切れる 3 ケタの最小の数は何ですか。

(3) 2 けたの 3 の倍数は何個ですか。

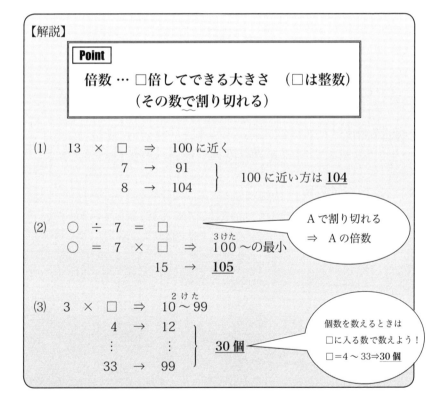

【解説】

Point

倍数 … □倍してできる大きさ （□は整数）
（その数で割り切れる）

(1)　13　×　□　⇒　100 に近く
　　　　　　 7　→　91
　　　　　　 8　→　104 ⎫ 100 に近い方は **104**

(2)　○　÷　7　＝　□
　　　○　＝　7　×　□　⇒　3けた 100〜の最小
　　　　　　　　　　 15　→　**105**

Aで割り切れる ⇒ Aの倍数

(3)　3　×　□　⇒　2けた 10〜99
　　　　　　 4　→　12
　　　　　　 ⋮　　 ⋮
　　　　　　 33　→　99 ⎫ **30個**

個数を数えるときは □に入る数で数えよう！ □＝4〜33⇒**30個**

▼解答は 230 ページ

11

【練習】

(1) 200 に最も近い 7 の倍数は何ですか。

(2) 13 で割り切れる 4 けたの最小の数は何ですか。

(3) 3 けたの 4 の倍数は何個ありますか。

(4) 17 で割って 9 あまる 3 けたの最小の数は何ですか。

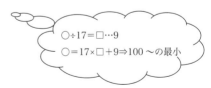

○÷17＝□…9

○＝17×□＋9⇒100 〜の最小

テーマ2　公倍数・最小公倍数

【例題】

次の各問いに答えなさい。

(1)　12と18の最小公倍数を求めなさい。

(2)　12と18の公倍数を小さい方から3つ求めなさい。

【解説】

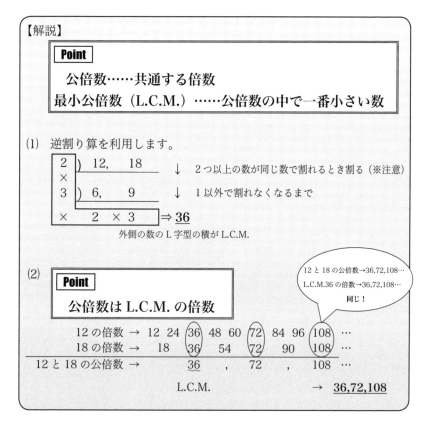

Point

公倍数……共通する倍数

最小公倍数（L.C.M.）……公倍数の中で一番小さい数

(1)　逆割り算を利用します。

2	) 12,	18	↓　2つ以上の数が同じ数で割れるとき割る（※注意）
×			
3	) 6,	9	↓　1以外で割れなくなるまで
×	2	× 3	⇒ **36**

外側の数のL字型の積がL.C.M.

(2)

Point

公倍数はL.C.M.の倍数

12と18の公倍数→36,72,108…

L.C.M.36の倍数→36,72,108…

同じ！

12の倍数 →	12	24	(36)	48	60	(72)	84	96	(108)	…
18の倍数 →		18	(36)		54	(72)		90	(108)	…
12と18の公倍数 →			36	,		72	,		108	…

L.C.M.　　　→ **36,72,108**

【練習1】

次の（　　）内の数の最小公倍数を求めなさい。

(1)　(24, 36)　　　　　　　　　(2)　(108, 144)

(3)　(12, 18, 30)　　　　　　　(4)　(60, 90, 135)

【練習2】

36 と 54 の公倍数のうち5番目に小さい数を求めなさい。

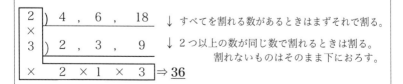

テーマ3 重なりの処理

【例題】

1から100までの整数について次の各問いに答えなさい。

(1) 2か3で割れる整数は何個ありますか。

(2) 2でも3でも割り切れない整数は何個ありますか。

(3) 2では割れるが3では割れない整数は何個ありますか。

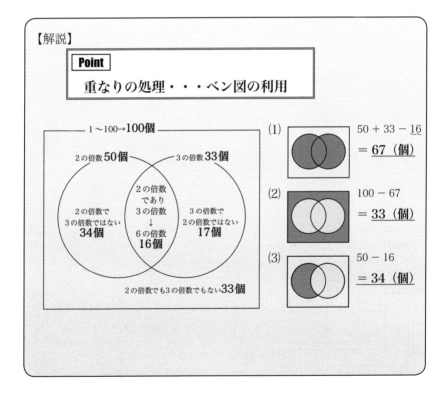

【解説】

Point

重なりの処理・・・ベン図の利用

1〜100→**100個**

2の倍数**50個**　　3の倍数**33個**

2の倍数で
3の倍数ではない
34個

2の倍数
であり
3の倍数
↓
6の倍数
16個

3の倍数で
2の倍数ではない
17個

2の倍数でも3の倍数でもない**33個**

(1) $50 + 33 - \underline{16}$
$= \underline{67}$ （個）

(2) $100 - 67$
$= \underline{33}$ （個）

(3) $50 - 16$
$= \underline{34}$ （個）

【練習 1】

1 から 100 までの整数について次の各問いに答えなさい。

(1) 3 か 4 で割り切れる整数は何個ありますか。

(2) 3 でも 4 でも割れない整数は何個ありますか。

(3) 3 では割れるが 4 では割れない整数は何個ありますか。

【練習 2】

3 けたの整数について次の問いに答えなさい。

(1) 3 か 5 で割り切れる整数は何個ありますか。

(2) 3 でも 5 でも割れない整数は何個ありますか。

(3) 3 では割れるが 5 では割れない整数は何個ありますか。

テーマ4　あまりからの数あて

【例題】

次の各問いに答えなさい。

(1) 4で割っても6で割っても3あまる3けたの整数のうち最も小さい整数を求めなさい。

(2) 4で割ると3あまり、5で割ると4あまる最も小さい整数を求めなさい。

【解説】

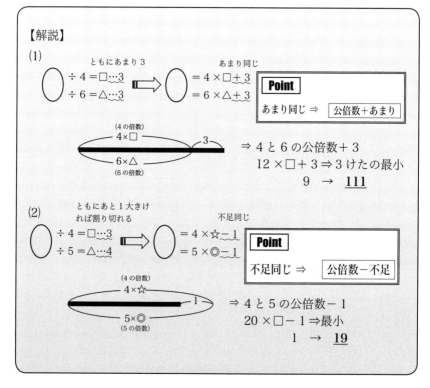

(1)

ともにあまり3

$$\bigcirc \div 4 = \square \cdots 3$$
$$\bigcirc \div 6 = \triangle \cdots 3$$

あまり同じ

$$\bigcirc = 4 \times \square + 3$$
$$\bigcirc = 6 \times \triangle + 3$$

Point
あまり同じ ⇒ 　公倍数＋あまり

(4の倍数)
4×□ ── 3
6×△
(6の倍数)

⇒ 4と6の公倍数＋3
12 ×□＋3 ⇒ 3けたの最小
9 → **111**

(2)

ともにあと1大きければ割り切れる

$$\bigcirc \div 4 = \square \cdots 3$$
$$\bigcirc \div 5 = \triangle \cdots 4$$

不足同じ

$$\bigcirc = 4 \times ☆ － 1$$
$$\bigcirc = 5 \times ◎ － 1$$

Point
不足同じ ⇒ 　公倍数－不足

(4の倍数)
4×☆ ── 1
5×◎
(5の倍数)

⇒ 4と5の公倍数－1
20 ×□－1 ⇒ 最小
1 → **19**

【練習】

次の各問いに答えなさい。

(1) 15 で割っても 12 で割っても 11 あまる 3 けたの整数のうち最小の整数を求めなさい。

(2) 9 で割っても 6 で割っても 3 あまる整数のうち小さい方から 4 番目の整数を求めなさい。

※ 注意
一番小さいのは 0 倍のときで 3 です

(3) 6 で割っても 8 で割っても 2 あまる整数は 1 から 100 までに何個ありますか。

(4) 12 で割ると 9 あまり、15 で割ると 12 あまる最も小さい数を求めなさい。

(5) 18 で割ると 10 あまり、24 で割ると 16 あまる 3 けたの整数のうち最も小さい整数を求めなさい。

(6) 6 で割ると 3 あまり、9 で割ると 6 あまる整数は 1 から 100 までに何個ありますか。

テーマ5　倍数判定

【例題】

次の□に入る数を全て求めなさい。

(1)　165 □ 6　（4 の倍数）
(2)　874 □ 5　（3 の倍数）

【解説】

Point	ケタをばらすことで倍数判定

末尾注目
- 2 の倍数　⇒　下 1 けたが 0 か 2 の倍数
- 5 の倍数　⇒　下 1 けたが 0 か 5 の倍数
- 4 の倍数　⇒　下 2 けたが 0 か 4 の倍数
- 8 の倍数　⇒　下 3 けたが 0 か 8 の倍数

各位の和　注目
- 3 の倍数　⇒　各位の和が 3 の倍数
- 9 の倍数　⇒　各位の和が 9 の倍数

(1)　下 2 けた　**□ 6**　が 4 の倍数　→　16, 36, 56, 76, 96
　　　　　　　　　　　　　　　　　⇒　□ = **1, 3, 5, 7, 9**

(2)　各位の和　8 + 7 + 4 + □ + 5　=　**24 + □**　が 3 の倍数
　　　　　　　　　　　　　　　　　⇒　□ = **0, 3, 6, 9**

▼解答は 231 ページ

11

【練習】

次の□に入る数を全て求めなさい。

(1) 569□8 （4 の倍数）

(2) 874□1 （3 の倍数）

(3) 264□2 （8 の倍数）

(4) 279□5 （9 の倍数）

(5) 5958□ （6 の倍数）

6 の倍数⇒2 の倍数かつ 3 の倍数

12 の倍数⇒4 の倍数かつ 3 の倍数

(6) 246□4 （12 の倍数）

テーマ1 奇数・偶数

【例題】

次の各問いに答えなさい。

(1) 1 から数えて 15 番目の奇数を求めなさい。
(2) 1 から数えて 15 は何番目の奇数ですか。
(3) $1 + 3 + 5 + 7 + \cdots + 19$ の計算をしなさい。

【解説】

Point 奇数と偶数はペアで考える！

$\times 2$

番目:	①	②	③	④	⑤	…
奇数:	1	3	5	7	9	…
偶数:	2	4	6	8	10	…

$- 1$

(1) 15 番目の偶数は $15 \times 2 = 30$　　30 のペアの奇数 ⇒ **29**

(2) 15 のペアの偶数 ⇒ 16　　$16 \div 2 =$ **8(番目)**

(3)

Point 奇数列の和 ⇒ （番目）^{2}

$\underline{1} = 1 \times 1 = \underline{1}$　$1 + \underline{3} = 2 \times 2 = \underline{4}$　$1 + 3 + \underline{5} = 3 \times 3 = \underline{9}$　$1 + 3 + 5 + \underline{7} = 4 \times 4 = \underline{16}$

1番目　　　　　　2番目　　　　　　　　　3番目　　　　　　　　　　　　4番目

19 は 10 番目の奇数　⇒　$1 + 3 + 5 + 7 + \cdots + 19 = 10 \times 10 = \underline{\mathbf{100}}$

▼解答は 231 ページ

【練習】

(1)　1 から数えて 100 番目の奇数を求めなさい。

12

(2)　1 から数えて 58 番目の奇数を求めなさい。

(3)　1 から数えて 99 は何番目の奇数ですか。

(4)　1 から数えて 157 は何番目の奇数ですか。

(5)　1 + 3 + 5 + 7 + … + 99 の計算をしなさい。

(6)　1 + 3 + 5 + 7 + … + 37 の計算をしなさい。

テーマ2 等差数列

【例題】

次のようなきまりで数が並んでいるとき、次の問いに答えなさい。

$$2, \ 5, \ 8, \ 11, \ 14, \ \cdots$$

(1) 20 はこの数列の何番目ですか。

(2) この数列の 10 番目の数を求めなさい。

(3) この数列の 10 番目までの和を求めなさい。

【解説】

| **Point** | 間の数をてがかりにしよう！ |

① ② ③ ④ ⑤
$$2 \ , \ 5 \ , \ 8 \ , \ 11 \ , \ 14 \ \cdots\cdots \Rightarrow \ 並ぶ数 \ 5 個$$

$+3 \quad +3 \quad +3 \quad +3 \qquad \Rightarrow \ 間の数 \ 4 個$

$+1$

(1) 間の数 ⇒ $(20 - 2) \div 3 = 6$ 個 $6 + 1 = \underline{\textbf{7(番目)}}$

(2) 間の数 ⇒ $10 - 1 = 9$ 個 $2 + 3 \times 9 = \underline{\textbf{29}}$

(3)

| **Point** | 等差数列の和 ⇒ （最初＋最後）×個数÷2 |

① ② ③ ④ ⋯ ⑨ ⑩
$$2 + 5 + 8 + 11 + \cdots + 26 + 29 \quad (2+29)\times 10 \div 2 = \underline{155}$$
$$+) \ 29 + 26 + 23 + 20 + \cdots + 5 + 2 \quad \text{最初 最後 個数}$$
$$\overline{31 + 31 + 31 + 31 + \cdots + 31 + 31}$$

▼解答は 231 ページ

【練習 1 】

次のようなきまりで数が並んでいるとき、次の問いに答えなさい。

4, 10, 16, 22, 28…

(1) 70 はこの数列の何番目ですか。

(2) この数列の 25 番目の数を求めなさい。

(3) この数列の 25 番目までの和を求めなさい。

【練習 2 】

次のようなきまりで数が並んでいるとき、次の問いに答えなさい。

15, 19, 23, 27, 31…

(1) 103 はこの数列の何番目ですか。

(2) この数列の 40 番目の数を求めなさい。

(3) この数列の 40 番目までの和を求めなさい。

テーマ3　群数列

【例題】

次のようなきまりで数が並んでいるとき、次の問いに答えなさい。

$$1,\ 2,\ 2,\ 4,\ 1,\ 2,\ 2,\ 4,\ 1,\ 2\cdots$$

(1) この数列の15番目の数を求めなさい。

(2) 30番目までに2は何回でてきますか。

(3) 2がちょうど21回目にでてくるのは、この数列の何番目ですか。

(4) 35番目までの和を求めなさい。

【解説】

$1,\ 2,\ 2,\ 4\ |\ 1,\ 2,\ 2,\ 4\ |\ 1,\ 2\cdots\ \Rightarrow$　4個1セットの繰り返し

(1)　$15 \div 4 = 3$ セット … $\underline{3個}$　　　$\Rightarrow$　$\underline{\mathbf{2}}$

　　　　　　　　　　　　$1,\ 2,\ ②,\ 4$

(2)　$30 \div 4 = \underline{7セット}$ … $\underline{2個}$　　$\Rightarrow$　$2 \times 7 + 1 = \underline{\mathbf{15回}}$

　　　　　　　　1セットに　　　あまり2個
　　　　　　　　つき2回　　　の中に1回

(3)　1セットにつき2は2回

　　　$21 \div 2 = \underline{10セット}$ … $\underline{1個}$　$\Rightarrow$　$4 \times 10 + 2 = \underline{\mathbf{42\ (番目)}}$

　　　　　　　　　1セット4個　　1個目の
　　　　　　　　　　　　　　　　2は2番目

(4)　1セットの和は　$1 + 2 + 2 + 4 = 9$

　　　$35 \div 4 = \underline{8セット}$ … $\underline{3個}$　$\Rightarrow$　$9 \times 8 + 5 = \underline{\mathbf{77}}$

　　　　　　　　1セットの　　　$1+2+2$
　　　　　　　　和9　　　　　　$=5$

▼解答は 231 ページ

【練習1】

次のようなきまりで数が並んでいるとき、次の問いに答えなさい。

1, 3, 3, 4, 1, 3, 3, 4, 1, 3…

(1) 40 番目までに 3 は何回でてきますか。

(2) 3 がちょうど 40 回目にでてくるのは、この数列の何番目ですか。

(3) 50 番目までの和を求めなさい。

【練習2】

次のようなきまりで数が並んでいるとき、次の問いに答えなさい。

1, 2, 3, 2, 1, 2, 3, 2, 1, 2…

(1) 62 番目までに 2 は何回でてきますか。

(2) 2 がちょうど 39 回目にでてくるのは、この数列の何番目ですか。

(3) 和が 886 になるのは何番目までたしたときですか。

テーマ4　日暦算（曜日計算）

【例題】

ある平年の4月11日が水曜日のとき、次の各問いに答えなさい。

(1) 4月27日は何曜日ですか。　(2) 5月21日は何曜日ですか。

(3) 7月25日は何曜日ですか。　(4) 3月13日は何曜日ですか。

【解説】

> **Point**　曜日計算　⇒　7日（1週間）で曜日1セット
> ⇒　「÷7のあまり」　ぶんズレを考える

(1) 4/11　→　4/27　　　　　　16÷7＝2週…2日後
　　　　　　16日後　　　　　　　　　　　　水→木→金（曜日）

(2) 4/11　→　5/21＝4/51　　40÷7＝5週…5日後＝2日前
　　　　　　40日後　　　　　　　　　　　月（曜日）←火←水

(3) 4/11　→　7/25　＝6/55　　　　105÷7＝15週…0
　　　　　　105日後　　＝5/86＝4/116　　　　水（曜日）

(4) 4/11＝3/42　→　3/13　　29÷7＝4週…1日前
　　　　　　　　29日前　　　　　　　　火（曜日）←水

数の小さい方の月に合わせる！

▼解答は 231 ページ

【練習】

ある平年の 6 月 15 日が木曜日のとき、次の問いに答えなさい。

12

(1)　6 月 28 日は何曜日ですか。

(2)　8 月 20 日は何曜日ですか。

(3)　12 月 25 日は何曜日ですか。

(4)　4 月 17 日は何曜日ですか。

(5)　2 月 10 日は何曜日ですか。

> 小の月の方を覚えましょう！ 2 月、4 月、6 月、9 月、11 月
> （西向く サムライ という覚え方が有名です。）

★確認★　　ひと月の日数

小の月 ： **2 月 ⇒ 28 日** (平年) または **29 日** (うるう年) **4 月,6 月,9 月,11 月 ⇒ 30 日**

大の月 ： **1 月,3 月,5 月,7 月,8 月 10 月,12 月 ⇒ 31 日**

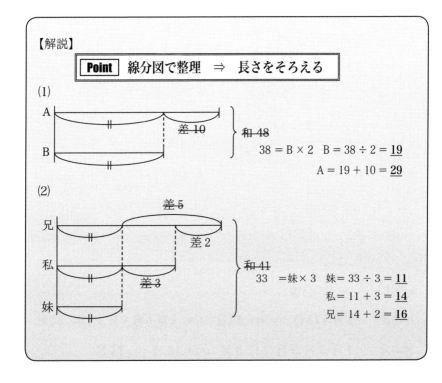

$No.13$ 和差に関する文章題

テーマ1　和差算

【例題】

次の各問いに答えなさい。

(1)　AとBの和は48で、AからBを引くと10になります。A，Bの大きさをそれぞれ求めなさい。

(2)　兄、私、妹の3人の年令の合計は41才になり、兄は私より2才年上、私は妹より3才年上です。3人の年令はそれぞれ何才ですか。

【解説】

Point　線分図で整理　⇒　長さをそろえる

(1)

A

B

差 10　　和 48

$38 = B \times 2$　$B = 38 \div 2 = \underline{19}$

$A = 19 + 10 = \underline{29}$

(2)

差 5

兄

私

妹

差 2

差 3

和 41

$33 = 妹 \times 3$　$妹 = 33 \div 3 = \underline{11}$

$私 = 11 + 3 = \underline{14}$

$兄 = 14 + 2 = \underline{16}$

テーマ2　消去算

【例題】

次の各問いに答えなさい。

(1)　みかん3個とりんご4個では580円ですが、みかん2個とりんご5個では620円です。このとき、みかんとりんご1個ずつの値段はそれぞれいくらですか。

(2)　消しゴム1個の値段は、えんぴつ1本の値段より15円高く、消しゴム2個とえんぴつ3本を買うと105円でした。えんぴつ1本の値段を求めなさい。

【解説】

(1)
$$み × 3 + り × 4 = 580$$
$$み × 2 + り × 5 = 620$$
$$み × 6 + り × 8 = 1160$$
$$み × 6 + り × 15 = 1860$$
$$り × 7 = 700$$

Point
1種類の個数をそろえて ちがいに注目 !!

りんご : $700 ÷ 7 = \underline{100(円)}$

みかん : $(580 - 100 × 4) ÷ 3 = \underline{60(円)}$

(2)
$$消 = え + 15$$
$$消 × 2 + え × 3 = 105$$
$$(え + 15) × 2 + え × 3 = 105$$
$$え × 2 + 30 + え × 3 = 105$$
$$え × 5 = 75$$

Point
1種類に置き換える !

えんぴつ : $75 ÷ 5 = \underline{15(円)}$

テーマ3 差集算・過不足算

【例題】

次の各問いにそれぞれ答えなさい。

(1) みかんを何人かの子供に分けるのに、1人につき5個ずつ分けようとすると17個あまるので、7個ずつ分けると3個あまりました。このとき、子供の人数とみかんの個数を求めなさい。

(2) りんごを何人かの子供に分けるのに、1人につき9個ずつ分けようとすると10個不足するので、6個ずつ分けると8個あまりました。このときの子供の人数とりんごの個数を求めなさい。

【解説】

Point 1つずつの差が集まって全体の差

(1)

┌─ □人 ─┐			
5	……	5	17あまり
7	……	7	3あまり
差　2	……	2	14

1人あたり2個の差が
集まって全体で14の差

$2 \times □ = 14$　　□ = **7(人)**…子供

$5 \times 7 + 17 = $ **52(個)**…みかん

(2)

┌─ □人 ─┐			
9	……	9	10不足
6	……	6	8あまり
差　3	……	3	18

10不足と8あまりの差（**ちがい**）は18

$3 \times □ = 18$　　□ = **6(人)**…子供

$9 \times 6 - 10 = $ **44(個)**…りんご

テーマ4　つるかめ算

【例題】

つるとかめが合わせて 30 いて、その足の数の合計は 78 本です。それぞれの数を求めなさい。

【解説】

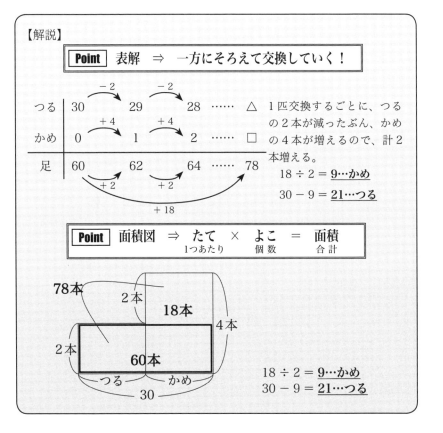

Point 表解　⇒　一方にそろえて交換していく！

つる	30	29	28	……	△
かめ	0	1	2	……	□
足	60	62	64	……	78

1匹交換するごとに、つるの2本が減ったぶん、かめの4本が増えるので、計2本増える。

$18 ÷ 2 = \underline{\textbf{9…かめ}}$

$30 - 9 = \underline{\textbf{21…つる}}$

Point 面積図　⇒　たて　×　よこ　＝　面積
　　　　　　　　　1つあたり　個数　　合計

78本　2本　18本　4本　2本　60本　つる　かめ　30

$18 ÷ 2 = \underline{\textbf{9…かめ}}$
$30 - 9 = \underline{\textbf{21…つる}}$

テーマ5　平均算

【例題】

次の各問いに答えなさい。

(1) A，B，C3人の平均身長に対してAは2cm高く、Bは5cm低く、Cの身長は161cmです。3人の平均身長は何cmですか。

(2) ある試験の算数と国語の平均は92点で、これに理科も合わせて平均すると88点になります。理科は何点でしたか。

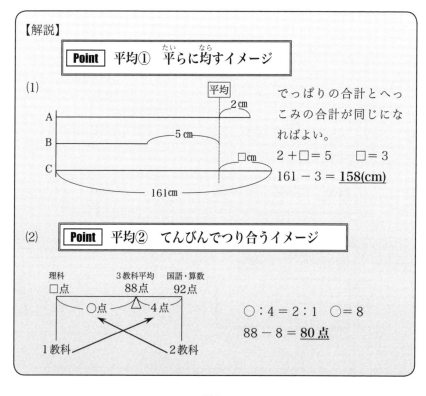

【解説】

Point 平均① 平らに均すイメージ

(1)

でっぱりの合計とへっこみの合計が同じになればよい。

$2 + \square = 5$　$\square = 3$

$161 - 3 = \underline{158(cm)}$

(2)

Point 平均② てんびんでつり合うイメージ

$\bigcirc : 4 = 2 : 1$　$\bigcirc = 8$

$88 - 8 = \underline{80点}$

No.13【練習】

(1) 500 円を ABC3 人で分けて、金額を比べたところ、A は B より
10 円多く B は C より 70 円少なくなっていました。A のとり分は
いくらですか。

13

(2) みかん 5 個とりんご 3 個では 390 円ですが、みかん 9 個とりん
ご 4 個では 590 円です。それぞれ 1 ついくらですか。

(3) ノートを何人かに分けるのに 1 人に 4 さつずつ分けると 5 さつ
あまり、7 さつずつ分けていくと 16 さつ不足します。
ノートは何さつありましたか。

(4) 1 個 20 円のりんごと 1 個 16 円のみかんをあわせて 35 個買った
ら、640 円になりました。それぞれ何個ずつ買いましたか。

(5) 算数のテストの今までの平均点は 88 点でしたが、次のテストで
もし 100 点をとることができたら、全部の平均点は 91 点になりま
す。次のテストは何回目のテストですか。

テーマ1　時速・分速・秒速

【例題】

次の□にあてはまる数を求めなさい。

(1) 秒速 12m ＝分速□ m

(2) 時速 36km ＝分速□ m

(3) 秒速 25m ＝時速□ km

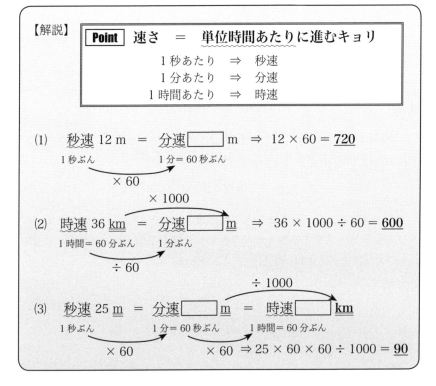

テーマ2　速さ求め

【例題】

次の□にあてはまる数を求めなさい。

(1)　6時間で240km走る車の時速は□kmです。

(2)　40秒で84m歩く人の分速は□mです。

【解説】

Point
「時速を求める　⇒　1時間あたりに進むキョリを考える！」 （分速・秒速）　　　　（1分・1秒）

(1)　6時間　　で　　240km　進む

　　　　↓ ÷6

　　1時間　　で　　□km　進む　⇒　240 ÷ 6 = **40**（km/時）

(2)　40秒　　で　　84m　進む

　　　　↓ ÷2

　　20秒　　で　　42m　進む

　　　↓ ×3

　　1分　　で　　□m　進む　⇒　84 ÷ 2 × 3 = **126**（m/分）
　　60秒

テーマ3 キョリ求め

【例題】

次の□にあてはまる数を求めなさい。

(1) 時速 35km で 4 時間進むと□ km 進めます。

(2) 分速 200m で 45 秒進むと□ m 進めます。

【解説】

> **Point**
>
> **「キョリを求める ⇒ □時間ぶんのキョリを考える！」**
> （□分・□秒）

(1)　　1 時間　で　35km　進む

　　　　↓× 4

　　　　4 時間　で　□ km　進む　⇒　35 × 4 = **140** (km)

(2)　　<u>1 分</u>　で　200m　進む
　　　60 秒

　　　　↓÷ 4

　　　　15 秒　で　　50m　進む

　　　　↓× 3

　　　　45 秒　で　　□ m　進む　⇒　200 ÷ 4 × 3 = **150** (m)

テーマ4　時間求め

【例題】

次の□にあてはまる数を求めなさい。

(1)　秒速 15m で 300m 進むには□秒かかります。

(2)　時速 30km で 1km 進むには□分かかります。

【解説】

Point

「時間を求める　⇒　何時間ぶんのキョリかを考える！」
（分・秒）　　　　　　（何分・何秒）

(1)　　　1 秒　で　15m　進む

　　　　　　　　　↓ × 20

　　　　□秒　で　300m　進む　　　⇒　1 × 20 ＝ **20**（秒）

(2)　　　1 時間　で　30km　進む
　　　　60 分

　　　　　　　　　↓ × $\frac{1}{30}$

　　　　□分　で　1km　進む　　　⇒　60 × $\frac{1}{30}$ ＝ **2**（分）

テーマ5　旅人算～キョリの和・差に注目～

【例題】

次の各問いに答えなさい。

(1) 600m 離(はな)れた甲乙両地の、甲から A くんが分速 40m で、乙から B くんが分速 80m で同時に向かい合って出発します。出発してから何分後に出会いますか。

(2) 9km 手前にいる B くんを A くんが追いかけます。A くんの速さが時速 7km、B くんの速さが時速 4km のとき、何時間後に A くんは B くんに追いつきますか。

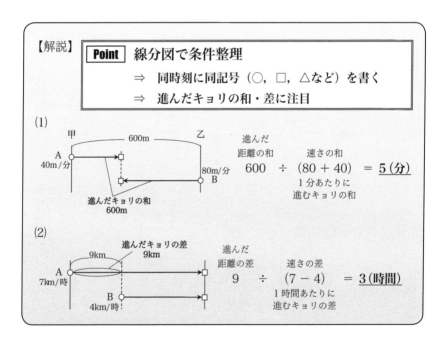

【解説】

Point 　線分図で条件整理
　⇒　同時刻に同記号（○, □, △など）を書く
　⇒　進んだキョリの和・差に注目

(1)

進んだ
距離の和　　速さの和
600 ÷ (80 ＋ 40) = **5（分）**
　　　　　　　　　1分あたりに
　　　　　　　　　進むキョリの和

(2)

進んだ
距離の差　　速さの差
9 ÷ (7 － 4) = **3（時間）**
　　　　　　　1時間あたりに
　　　　　　　進むキョリの差

▼解答は 232 ページ

【練習1】

次の各問いに答えなさい。

(1) 7.2km 離れた甲乙両地の、甲から A くんが分速 160m で、乙から B くんが分速 80m で同時に向かい合って出発します。出発してから何分後に出会いますか。

(2) 3km 手前にいる B くんを A くんが追いかけます。A くんの速さが分速 400m、B くんの速さが分速 150m のとき、何分後に A くんは B くんに追いつきますか。

14

【練習2】

次の□にあてはまる数を答えなさい。

(1) □ m 離れた甲乙両地の、甲から A くんが分速 100m で、乙から B くんが分速 80m で同時に向かい合って出発すると、出発してから 5 分後に出会います。

(2) □ km 手前にいる B くんを A くんが追いかけます。A くんの速さが時速 12km、B くんの速さが時速 4km のとき、4 時間後に A くんは B くんに追いつきます。

テーマ1　時間一定

【例題】

次の各問いに答えなさい。

(1) 600m 離れた甲乙両地を甲地から分速 60m で A 君が、乙地から分速 90m で B 君が同時に向かい合って出発します。出会うのは甲地から何 m の所ですか。

(2) 12km 前にいる B 君を A 君が追いかけます。A 君の速さは時速 7km で B 君の速さは時速 4km です。A 君は何 km 進んだところで B 君に追いつきますか。

(3) A 地から P, Q が、B 地から S が同時に向かい合って出発し、P, S が出会ってから 2 分後に Q, S が出会いました。A, B 両地間は何 m ありますか。ただし、P は分速 60m, Q は分速 40m, S は分速 50m の速さです。

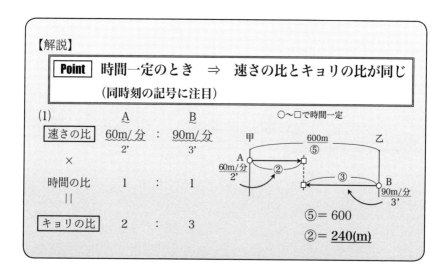

【解説】

Point	時間一定のとき　⇒　速さの比とキョリの比が同じ
	（同時刻の記号に注目）

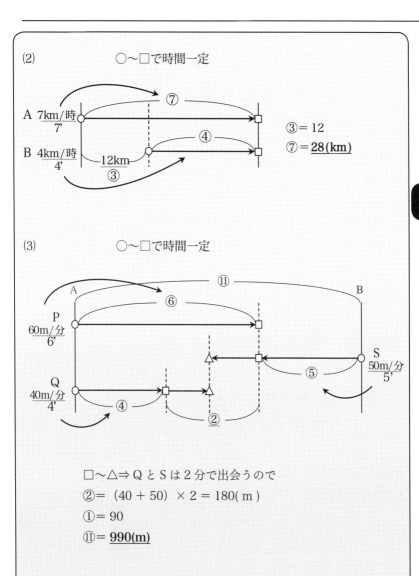

(2)　　　　　　　○～□で時間一定

A　7km/時
　　7'

B　4km/時
　　4'

⑦

④

12km
③

③ = 12

⑦ = **28(km)**

(3)　　　　　　　○～□で時間一定

A　　　　　　　　　　⑪　　　　　　　　　　B

P
60m/分
6'

⑥

Q
40m/分
4'

④

②

⑤

S
50m/分
5'

□～△⇒ Q と S は 2 分で出会うので

② = （40 + 50） × 2 = 180(m)

① = 90

⑪ = **990(m)**

No.15 速さと比

▼解答は 232 ページ

【練習 1】 次の各問いに答えなさい。

(1) 56km 離れた甲乙両地を甲地から時速 12km で A 君が、乙地から時速 16km で B 君が同時に向かい合って出発します。出会うのは甲地から何 km の所ですか。

(2) 18km 前にいる B 君を A 君が追いかけます。A 君の速さは時速 55km で B 君の速さは時速 22km です。A 君は何 km 進んだところで B 君に追いつきますか。

(3) A 地から P, Q が、B 地から S が同時に向かい合って出発し、P, S が出会ってから 5 分後に Q, S が出会いました。A, B 両地間は何 m ありますか。ただし、P は分速 70m, Q は分速 30m, S は分速 50m の速さです。

▼解答は 232 ページ

【練習 2】　次の各問いに答えなさい。

(1)　A は西地から毎分 50m の速さで、B は東地から毎分 70m の速さで同時に向かい合って出発します。この 2 人が出会ったところは、東地と西地のちょうど真ん中より西に 80m 行ったところでした。東西両地間の距離は何 m ありますか。

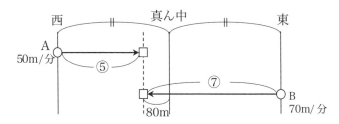

(2)　PQ 間を A 君と B 君が P 地を同時に出発して往復します。A 君の速さは毎時 50km、B 君の速さは毎時 30km で 2 人は Q 地から 8km の所で出会いました。PQ 間の距離は何 km ですか。

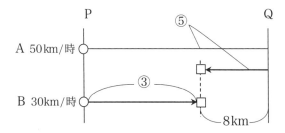

テーマ2　キョリ一定

【例題】

次の各問いに答えなさい。

(1)　甲地から時速40kmで乙地に向かい、乙地に着くとすぐに時速60kmで甲地に向かいます。往復の所要時間が5時間のとき、甲乙間の距離を求めなさい。

(2)　甲地から分速40mのA君と分速25mのB君が同時に乙地に向かいます。乙地にはAの方が12分早く着いたとすると、甲乙間の距離を求めなさい。

(3)　兄が出発してから16分後に弟が自動車に乗って毎時20kmの速さで兄を追いかけたところ、弟が出発してから24分後に追いつきました。兄の時速を求めなさい。

(4)　AB間をある速さで行くと1時間10分かかり、この速さを分速で10m増すと、50分で行くことができます。AB間の距離は何mですか。

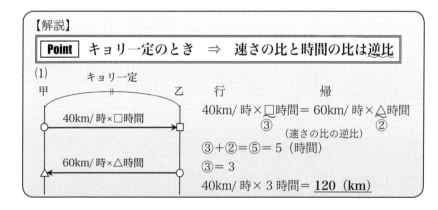

【解説】

| **Point** | キョリ一定のとき　⇒　速さの比と時間の比は逆比 |

(1)
キョリ一定

甲　————＃————　乙　　　行　　　　帰

40km/時×□時間

60km/時×△時間

40km/時×□時間＝60km/時×△時間
　　　　③　　　　　　　　　②
　　　　　　（速さの比の逆比）
③＋②＝⑤＝5（時間）
③＝3
40km/時×3時間＝ **120（km）**

(2)

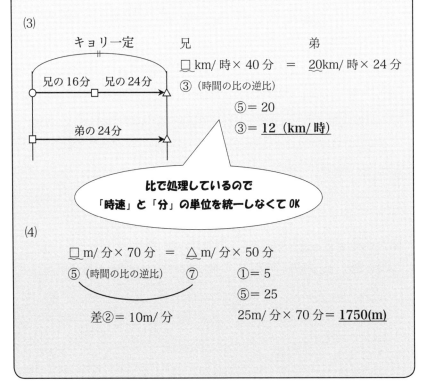

$$A \qquad\qquad B$$
$$40\text{m}/\text{分} \times □\text{分} = 25\text{m}/\text{分} \times △\text{分} \quad ①= 4$$
$$⑤ \text{(速さの比の逆比)} ⑧ \qquad ⑤= 20$$
$$40\text{m}/\text{分} \times 20\text{分} = \underline{\textbf{800(m)}}$$

$$差③= 12 \text{分}$$

15

(3)

キョリ一定　　兄　　　　　　　　弟
$$□\text{km}/\text{時} \times 40\text{分} = 20\text{km}/\text{時} \times 24\text{分}$$
③（時間の比の逆比）
$$⑤= 20$$
$$③= \underline{\textbf{12　(km/時)}}$$

兄の16分　兄の24分

弟の24分

> **比で処理しているので**
> **「時速」と「分」の単位を統一しなくて OK**

(4)

$$□\text{m}/\text{分} \times 70\text{分} = △\text{m}/\text{分} \times 50\text{分}$$
$$⑤ \text{(時間の比の逆比)} ⑦ \qquad ①= 5$$
$$⑤= 25$$
$$差②= 10\text{m}/\text{分} \qquad 25\text{m}/\text{分} \times 70\text{分} = \underline{\textbf{1750(m)}}$$

▼解答は 232 ページ

【練習 1】　次の各問いに答えなさい。

(1)　甲地から時速 12km で乙地に向かい、乙地に着くとすぐに時速 20km で甲地に向かいます。往復の所要時間が 16 時間のとき、甲乙間の距離を求めなさい。

(2)　甲地から時速 40km の A 君と時速 50km の B 君が同時に乙地に向かいます。乙地には B の方が 30 分早く着いたとすると、甲乙間の距離を求めなさい。

(3)　兄が出発してから 18 分後に弟が自動車に乗って毎時 30km の速さで兄を追いかけたところ、弟が出発してから 42 分後に追いつきました。兄の時速を求めなさい。

(4)　AB 間をある速さで行くと 1 時間 20 分かかり、この速さを分速 20m 増すと、1 時間で行くことができます。AB 間の距離は何 m ですか。

▼解答は 232 ページ

【練習 2 】

家から学校まで毎分 80m の速さで歩くと 8 時 17 分に学校に着き、同じ時刻に家を出て毎分 100m の速さで歩くと 8 時 15 分に学校に着きます。次の問いに答えなさい。

(1) 家を出かける時刻は何時何分ですか。

(2) 家から学校までは何 m ありますか。

15

テーマ1　通過（電柱・人）

【例題】

次の各問いに答えなさい。

(1) 長さ 300m で秒速 15m の列車が、電柱を通り過ぎるのに何秒かかりますか。ただし、電柱の幅は考えないものとします。

(2) 時速 72km の列車が、止まっている人の前を通り過ぎるのに 12 秒かかりました。列車の長さは何 m ですか。ただし、人の幅は考えないものとします。

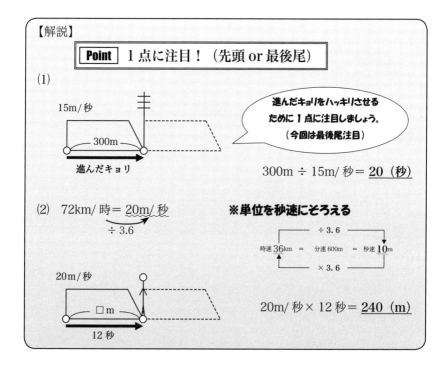

【解説】

Point 1 点に注目！（先頭 or 最後尾）

(1)

15m/秒

300m

進んだキョリ

進んだキョリをハッキリさせるために 1 点に注目しましょう。
（今回は最後尾注目）

$300m \div 15m/秒 = \underline{20}$ （秒）

(2) 72km/時 = $\underline{20m/秒}$
　　　　　　　÷3.6

※単位を秒速にそろえる

÷3.6
時速36km ＝ 分速600m ＝ 秒速10m
×3.6

20m/秒

□m

12秒

$20m/秒 \times 12秒 = \underline{240}$ （m）

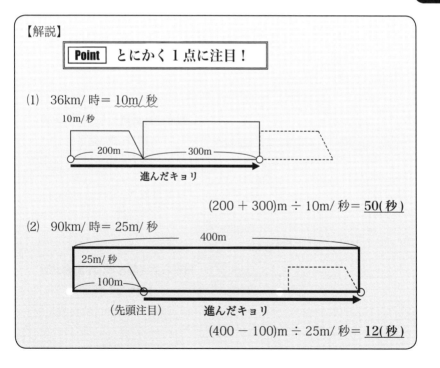

テーマ2　通過　（鉄橋・トンネル）

【例題】
次の各問いに答えなさい。

(1)　長さ 200m で時速 36km の列車が、長さ 300m の鉄橋をわたり
　　はじめてからわたり終えるまでに何秒かかりますか。
(2)　長さ 100m で時速 90km の列車が、長さ 400m のトンネルにか
　　くれて見えない時間は何秒間ですか。

16

【解説】

| **Point** | とにかく 1 点に注目！ |

(1)　36km/ 時＝ <u>10m/ 秒</u>

10m/ 秒

200m　　　300m

進んだキョリ

$(200 + 300)m \div 10m/ 秒 = \underline{\textbf{50(秒)}}$

(2)　90km/ 時＝ 25m/ 秒

400m

25m/ 秒

100m

（先頭注目）　　　進んだキョリ

$(400 - 100)m \div 25m/ 秒 = \underline{\textbf{12(秒)}}$

テーマ3 すれちがい

【例題】

次の各問いに答えなさい。

(1) 長さ160mで時速108kmの列車と秒速2mで進んでいる人が出会ってからすれちがい終わるまでに何秒かかりましたか。

(2) 長さ250mで時速36kmの列車と長さ350mで時速72kmの列車が出会ってからすれちがい終わるまでに何秒かかりますか。

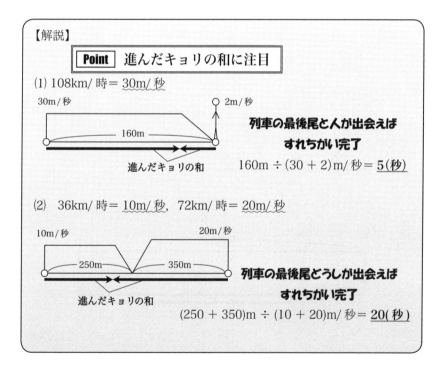

【解説】

Point 進んだキョリの和に注目

(1) 108km/時 = 30m/秒

30m/秒　　　　　　　2m/秒

160m

進んだキョリの和

列車の最後尾と人が出会えば
すれちがい完了

160m ÷ (30 + 2)m/秒 = 5(秒)

(2) 36km/時 = 10m/秒，72km/時 = 20m/秒

10m/秒　　　　　20m/秒

250m　　　350m

進んだキョリの和

列車の最後尾どうしが出会えば
すれちがい完了

(250 + 350)m ÷ (10 + 20)m/秒 = 20(秒)

テーマ4　追い越し

【例題】

次の各問いに答えなさい。

(1)　長さ120m で時速90km の列車が秒速5m で進んでいる人に追いついてから追い越すまでに何秒かかりましたか。

(2)　長さ180m で時速54km の列車に長さ140m で時速72km の列車が追いついてから追い越すまでに何秒かかりましたか。

16

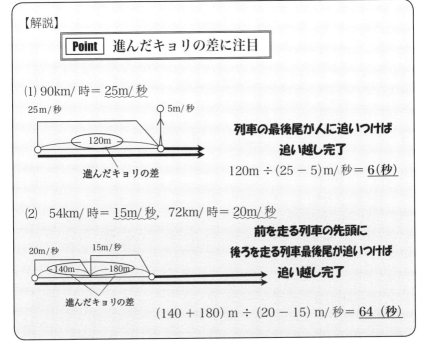

【解説】

Point 進んだキョリの差に注目

(1) 90km/時＝ 25m/秒

25m/秒　　　　　5m/秒

120m

進んだキョリの差

列車の最後尾が人に追いつけば
追い越し完了

120m ÷ (25 − 5)m/秒＝ **6(秒)**

(2)　54km/時＝ 15m/秒，72km/時＝ 20m/秒

20m/秒　　15m/秒

140m　180m

進んだキョリの差

前を走る列車の先頭に
後ろを走る列車最後尾が追いつけば
追い越し完了

(140 ＋ 180)m ÷ (20 − 15)m/秒＝ **64（秒）**

テーマ1　速さの整理

【例題】

次の各問いに答えなさい。

(1) 静水時の速さが時速 20km の船が川を往復します。川の流れの速さは時速 5km だとすると、この川をこぎ下るときと、上るときの速さを求めなさい。

(2) ある川を船が上るときの速さは時速 12km、下るときの速さは時速 20km でした。この船の静水時の速さと、川の流れの速さを求めなさい。

(3) 静水時の速さが時速 15km の船が 40km の川を往復するのに何時間かかりますか。ただし、流速は時速 5km とします。

【解説】

Point 下りの速さ＝静水時の速さ＋流速
上りの速さ＝静水時の速さ－流速
⇒『 く ・ せ ・ の ・ り 』 の表で速さを整理
　　　下り　静水時　上り　流速

(1) く　□ km/ 時　→　20 ＋ 5 ＝ **25 （km/ 時）**
　　　　　　　　　　　静水時＋流速＝　　　下り
　せ　20km/ 時
　の　△ km/ 時　→　20 － 5 ＝ **15 （km/ 時）**
　　　　　　　　　　　静水時－流速＝　　　上り
　り　5km/ 時

(2) く　20km/ 時

　せ　□ km/ 時　→　（20 ＋ 12）÷ 2 ＝ **16 （km/ 時）**
　　　　　　　　　　　（下り＋上り）÷ 2 ＝　　　静水時
　の　12km/ 時

　り　△ km/ 時　→　（20 － 12）÷ 2 ＝ **4 （km/ 時）**
　　　　　　　　　　　（下り－上り）÷ 2 ＝　　流速

> 下りと上りの平均⇒静水時
> 下りと上りの差⇒流速 2 つ分

(3) く　　　　　　　→ 15 ＋ 5 ＝ 20km/ 時　⇒ 40 ÷ 20 ＝ 2 (時間)
　せ　15km/ 時　静水時＋流速＝　下り　　　　　　　　　　　　　　**6 (時間)**
　の　　　　　　　→ 15 － 5 ＝ 10km/ 時　⇒ 40 ÷ 10 ＝ 4 (時間)
　り　5km/ 時　静水時－流速＝　上り

テーマ2　静水時変化

【例題】

次の各問いに答えなさい。

(1)　静かな水面なら、毎時18kmの速さでボートをこぐA君が、ある川を
60kmこぎ上るのに、4時間かかりました。そこからこぎ下るとき、こぐ
力を半分にすると、もとの所へ帰るのに何時間かかりますか。

(2)　毎時2kmの速さで流れている川があります。この川を6kmこぎ上る
のに3時間かかった人が、その2倍のこぐ力でもとの所までこぎ下ると、
もとの所へ帰るのに何分かかりますか。

17

【解説】

Point	静水時変化　　同じ川なら流速は変化なし ⇒　変化前と後の表を作って埋めていこう！

(1)　$60 \div 4 = 15$ (km/時) …行きの上り　(2)　$6 \div 3 = 2$ (km/時) …行きの上り

	行き		帰り
く		$\times \frac{1}{2}$	
せ	18km/時	⇒	9km/時
の	15km/時		
り	<u>3km/時</u>	=	3km/時
	$18 - 15$		

	行き		帰り
く		$\times 2$	
せ	①km/時	⇒	②km/時
の	2km/時		
り	2km/時	=	2km/時

帰りの下り $= 9 + 3 = 12$ (km/時)　　①$= 2 + 2 = 4$ (km/時) → ②$= 8$ (km/時)

→　$60 \div 12 = $ <u>**5（時間）**</u>　　　帰りの下り $= 8 + 2 = 10$ (km/時)

→　$6 \div 10 = \frac{3}{5}$ （時間）$= $ <u>**36（分）**</u>

テーマ3　流速変化

【例題】
次の各問いに答えなさい。

(1)　毎時 2km の速さで流れている川を 16km こぎ上るのに 4 時間かかりました。帰りは流速がもとの 2 倍になっていたとき、もとの所へ帰るのに何時間かかりますか。

(2)　静水時の速さが毎時 21km の速さのボートで、ある川を 120km こぎ上るのに、8 時間かかりました。帰りは流速がもとの半分になっていたとき、もとの所までこぎ下るのに何時間かかりますか。

【解説】

Point	流速変化　　　静水時の速さは変化なし
	⇒　変化前と後の表を作って埋めていこう!!

(1)　$16 \div 4 = 4$(km/時)…行きの上り

	行き		帰り
く			
せ	△ km/時	=	△ km/時
の	4km/時	×2	
り	2km/時	⇒	4km/時

$△ = 4 + 2 = 6$ (km/時)
帰りの下り $= 6 + 4 = 10$ (km/時)
　　→　$16 \div 10 = \underline{1.6 \text{ (時間)}}$

(2)　$120 \div 8 = 15$(km/時)…行きの上り

	行き		帰り
く			
せ	21km/時	=	21km/時
の	15km/時	×$\frac{1}{2}$	
り	② km/時	⇒	① km/時

$② = 21 - 15 = 6$ (km/時)
$① = 3$ (km/時)
帰りの下り $= 21 + 3 = 24$ (km/時)
　　→　$120 \div 24 = \underline{5 \text{ (時間)}}$

テーマ4　流速消し

【例題】
次の問いに答えなさい。

　静水時での速さが時速 7km の A 船が上流の甲地から、静水時の速さが時速 8km の B 船が下流の乙地から同時に出発しました。甲乙間の距離が 60km のとき両船が出会うのは出発してから何時間後ですか。

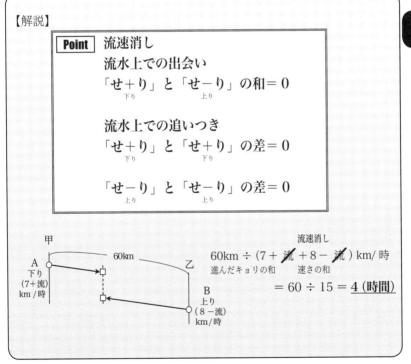

【解説】

> **Point** 流速消し
> 流水上での出会い
> 「せ＋り」と「せーり」の和＝0
> 　下り　　　　　　上り
>
> 流水上での追いつき
> 「せ＋り」と「せ＋り」の差＝0
> 　下り　　　　　　下り
>
> 「せーり」と「せーり」の差＝0
> 　上り　　　　　　上り

甲　　　　　　60km　　　　　　　乙　　　　流速消し
A　　　　　　　　　　　　　　　　　　60km ÷ (7＋流＋8－流) km/時
下り　　　　　　　　　　　　　　　　進んだキョリの和　速さの和
(7＋流)　　　　　　　　　　　　　　　＝ 60 ÷ 15 ＝ **4 (時間)**
km/時　　　　　　　　　　B
　　　　　　　　　　　　　　上り
　　　　　　　　　　　　　(8－流)
　　　　　　　　　　　　　km/時

▼解答は 232 ページ

No.16　通過算　【練習】

(1)　秒速 24m の列車が電柱を通り過ぎるのに 15 秒かかりました。
　　この列車の長さを求めなさい。

(2)　長さが 160m の列車が 440m のトンネルに入り始めてから出終
　　えるまでに 24 秒かかりました。この列車の速さは、毎秒何 m ですか。

(3)　長さ 200m で秒速 12m の列車と長さ 160m で秒速 18m の列車
　　が出会ってからすれちがい終わるまで何秒かかりますか。

(4)　長さ 80m で秒速 36m の列車が、長さ 160m で秒速 24m の列車
　　に追いついてから追い越すまでに何秒かかりますか。

No.17　流水算　【練習】

(1)　ある川を船が上るときの速さは時速 20km、下るときの速さは時速 30kmです。この船の静水時の速さを求めなさい。

(2)　ある船で 240kmの川を往復するのに、上りに 24 時間、下りに 20時間かかりました。この川の流速を求めなさい。

(3)　A、B 2 そうの船があります。ある川を 180km上るのに A は 18時間、B は 15 時間かかり、下るのに A は 10 時間かかります。Bが下るのに何時間かかりますか。

17

テーマ1　*時計と角速度*

【例題】

次の各問いに答えなさい。

(1) 3時のとき、長針と短針のなす角度の小さい方は何度ですか。

(2) 7時のとき、長針と短針のなす角度の小さい方は何度ですか。

(3) 11時のとき、長針と短針のなす角度の小さい方は何度ですか。

(4) 長針は、1分あたり何度進みますか。

(5) 短針は、1分あたり何度進みますか。

【解説】

| **Point** | 時計の1目盛りは、$360 \div 12 = 30$ (°) |

(1) 　　(2) 　　(3)

3時→3目盛りぶん　　7時→7目盛りぶん　　11時→11目盛りぶん

$30 \times 3 = \underline{\textbf{90}}$ (°)　　$30 \times 7 = \underline{210}$ (°)　　$30 \times 11 = \underline{330}$ (°)

大きい方　　　　　大きい方

$360 - 210 = \underline{150}$ (°)　$360 - 330 = \underline{30}$ (°)

(4) 長針は、1時間(60分)で1周(360°)します。$360 \div 60 = \underline{\textbf{6}}$(°/分)

(5) 短針は、1時間(60分)で1目盛り(30°)動きます。$30 \div 60 = \underline{0.5}$(°/分)

▼解答は 233 ページ

【練習】

次の各問いに答えなさい。

(1) 4時のとき、長針と短針のなす角度の小さい方は何度ですか。

(2) 9時のとき、長針と短針のなす角度の小さい方は何度ですか。

(3) 10時のとき、長針と短針のなす角度の大きい方は何度ですか。

18

(4) 8時から8時13分まで時計が進んだとき、長針は何度進みますか。

(5) 5時から5時10分まで時計が進んだとき、短針は何度進みますか。

(6) 9時から9時48分まで時計が進んだとき、短針は何度進みますか。

テーマ2　時刻から角度

ちょうどの時刻が基準！

【例題】

次の時刻のときの長針と短針のなす角度の小さい方を求めなさい。

(1)　7時20分　　　　　　　(2)　2時50分

【解説】

Point　□時00分から追いかけっこスタート！
→　長針≪6°/分≫が短針≪0.5°/分≫を追いかける
→　**1分あたり5.5°ずつちぢまる（ひろがる）**

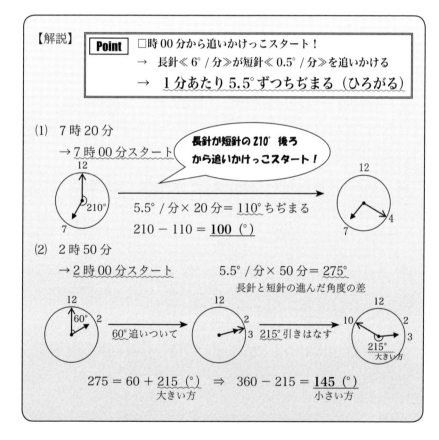

(1)　7時20分
→ 7時00分スタート

長針が短針の210°後ろから追いかけっこスタート！

5.5°/分 × 20分 = 110° ちぢまる

210 − 110 = 100 (°)

(2)　2時50分
→ 2時00分スタート　　　　5.5°/分 × 50分 = 275°
長針と短針の進んだ角度の差

60° 追いついて　　　215° 引きはなす

$$275 = 60 + \underset{\text{大きい方}}{215} \ (°) \ \Rightarrow \ 360 - 215 = \underset{\text{小さい方}}{145} \ (°)$$

▼解答は 233 ページ

【練習】

次の時刻のときの長針と短針のなす角度の小さい方を求めなさい。

(1)　6 時 10 分

(2)　5 時 26 分

(3)　9 時 44 分

18

(4)　11 時 18 分

(5)　3 時 54 分

テーマ3　角度から時刻①〜重なり〜

ちょうどの時刻が基準！

【例題】

次の問いに答えなさい。

　4時と5時の間で長針と短針が重なるのは何時何分ですか。

【解説】

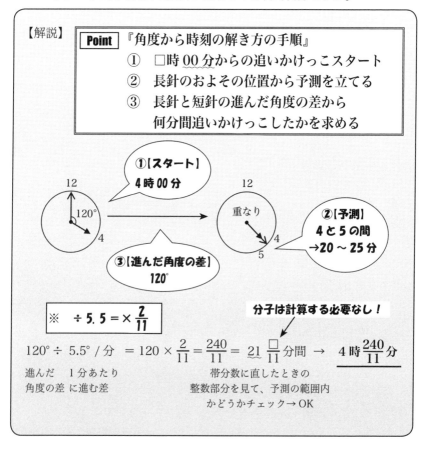

Point	『角度から時刻の解き方の手順』
	①　□時00分からの追いかけっこスタート
	②　長針のおよその位置から予測を立てる
	③　長針と短針の進んだ角度の差から
	何分間追いかけっこしたかを求める

①【スタート】
4時00分

12
120°
4

重なり
12
4
5

②【予測】
4と5の間
→20〜25分

③【進んだ角度の差】
120°

分子は計算する必要なし！

$$ ※　÷5.5 = ×\frac{2}{11} $$

$$ 120° ÷ 5.5°/分 = 120 × \frac{2}{11} = \frac{240}{11} = 21\frac{□}{11}分間 → 4時\frac{240}{11}分 $$

進んだ　　1分あたり
角度の差　に進む差

帯分数に直したときの
整数部分を見て、予測の範囲内
かどうかチェック→OK

▼解答は 233 ページ

【練習】

次の各問いに答えなさい。

(1)　2時と3時の間で長針と短針が重なるのは何時何分ですか。

(2)　5時と6時の間で長針と短針が重なるのは何時何分ですか。

18

(3)　8時と9時の間で長針と短針が重なるのは何時何分ですか。

(4)　10時と11時の間で長針と短針が重なるのは何時何分ですか。

テーマ4　角度から時刻②～一直線～　　ちょうどの時刻が基準！

【例題】

次の各問いに答えなさい。

(1)　8時と9時の間で長針と短針が一直線になるのは何時何分ですか。

(2)　4時と5時の間で長針と短針が一直線になるのは何時何分ですか。

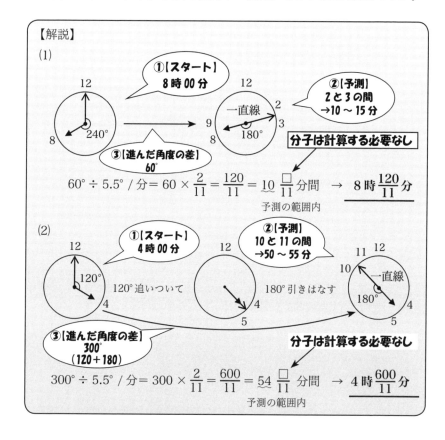

【解説】

(1)

①【スタート】8時00分

②【予測】2と3の間 →10～15分

一直線 180°　240°

③【進んだ角度の差】60°

分子は計算する必要なし

$60° \div 5.5° / 分 = 60 \times \dfrac{2}{11} = \dfrac{120}{11} = 10 \dfrac{\square}{11}$ 分間　→　$8時 \dfrac{120}{11} 分$

予測の範囲内

(2)

①【スタート】4時00分

②【予測】10と11の間 →50～55分

120° 追いついて　120°

180° 引きはなす

一直線 180°

③【進んだ角度の差】300° (120＋180)

分子は計算する必要なし

$300° \div 5.5° / 分 = 300 \times \dfrac{2}{11} = \dfrac{600}{11} = 54 \dfrac{\square}{11}$ 分間　→　$4時 \dfrac{600}{11} 分$

予測の範囲内

▼解答は 233 ページ

【練習】

次の各問いに答えなさい。

(1)　7時と8時の間で長針と短針が一直線になるのは何時何分ですか。

(2)　10時と11時の間で長針と短針が一直線になるのは何時何分ですか。

18

(3)　2時と3時の間で長針と短針が一直線になるのは何時何分ですか。

(4)　3時と4時の間で長針と短針が一直線になるのは何時何分ですか。

テーマ5　角度から時刻③〜2回〜

ちょうどの時刻が基準！

【例題】

4時と5時の間で長針と短針の間が90°になるのは何時何分ですか。

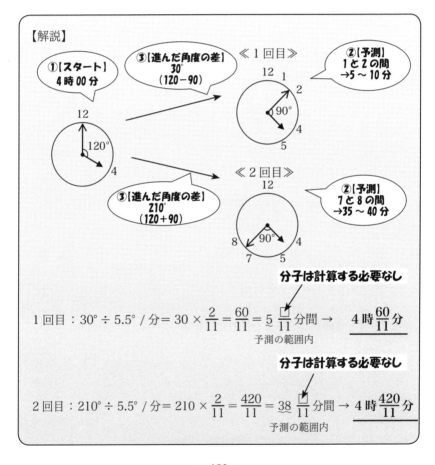

【解説】

①【スタート】
4時00分

③【進んだ角度の差】
30°
(120−90)

≪1回目≫

②【予測】
1と2の間
→5〜10分

③【進んだ角度の差】
210°
(120+90)

≪2回目≫

②【予測】
7と8の間
→35〜40分

分子は計算する必要なし

1回目：$30° ÷ 5.5°/分 = 30 × \dfrac{2}{11} = \dfrac{60}{11} = 5\dfrac{□}{11}$ 分間 → $\underline{4時\dfrac{60}{11}分}$

予測の範囲内

分子は計算する必要なし

2回目：$210° ÷ 5.5°/分 = 210 × \dfrac{2}{11} = \dfrac{420}{11} = 38\dfrac{□}{11}$ 分間 → $\underline{4時\dfrac{420}{11}分}$

予測の範囲内

【練習】

次の各問いに答えなさい。

(1)　5時と6時の間で長針と短針の間が90°になるのは何時何分ですか。

(2)　6時と7時の間で長針と短針の間が60°になるのは何時何分ですか。

(3)　8時と9時の間で長針と短針の間が90°になるのは何時何分ですか。

(4)　10時と11時の間で長針と短針の間が90°になるのは何時何分ですか。

※　**90°（小さい方）= 270°（大きい方）**

テーマ1 グラフの見方

【例題】

下の図は太郎くんがA地点からB地点に向かい、1時間休憩した後、再びA地点に戻った様子を表したグラフです。これについて、以下の各問いに答えなさい。

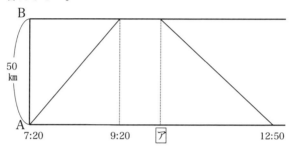

(1) 行きの速さを求めなさい。　(2) アに当てはまる時刻を求めなさい。

(3) 帰りの速さを求めなさい。

> 「**ダイヤグラム**」といいます

【解説】　| **Point** | **タテ軸にキョリ、ヨコ軸に時間を表したグラフ** |

(1) 7時20分にA地点を出発し、2時間後の9時20分にB地点に到着したと読み取れます。　→　$50 \div 2 = \underline{25(km/時)}$

(2) アは休憩後に再びB地点を出発した時刻。

　→9時20分＋1時間＝**10時20分**

(3) (2)より10時20分に再びB地点を出発し、2時間30分後の12時50分にA地点に戻ったと読み取れます。

　→　$50 \div 2.5 = \underline{20(km/時)}$

テーマ2　出会い・追いつき

【例題】

太郎君はA町を8時ちょうどに出発し、11時ちょうどに36km離れたB町に到着しました。次郎君はB町を9時ちょうどに出発し、途中で太郎君に出会い、A町に10時30分に到着しました。以下のダイヤグラムには太郎君の進んだ様子が示されています。以下の問いに答えなさい。

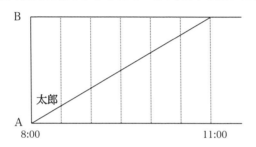

(1)　次郎君の進んだ様子をダイヤグラムの中に書き入れなさい。

(2)　太郎君と次郎君が出会ったのはAから何kmの地点ですか。

19

速さの問題を「図形」の問題としてとらえることができる！

【解説】

Point	キョリを求める
	→　ちょうちょう相似に注目

(1)　1区切りが30分なので
以下のようなグラフになります。

(2)

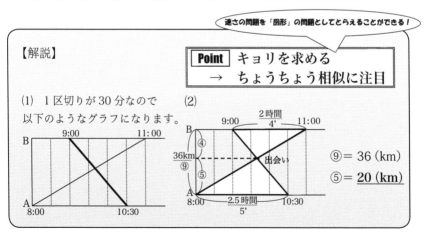

⑨ = 36 (km)

⑤ = **20 (km)**

テーマ3 キョリ一定（出会い）

【例題】

太郎君はA町を7時ちょうどに出発し時速20kmでB町に向かいました。次郎君はB町を時速40kmで出発し、10時ちょうどにA町に到着しました。途中太郎君と次郎君は何時何分に出会いましたか。

【解説】

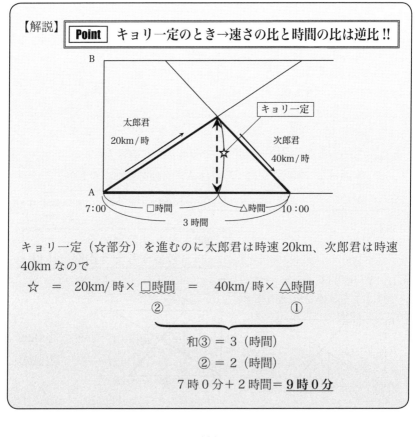

Point キョリ一定のとき→速さの比と時間の比は逆比!!

キョリ一定（☆部分）を進むのに太郎君は時速20km、次郎君は時速40kmなので

☆ ＝ 20km/時×□時間 ＝ 40km/時×△時間
          ②   ①

和③ ＝ 3（時間）

② ＝ 2（時間）

7時0分＋2時間＝**9時0分**

▼解答は 234 ページ

【練習1】

太郎君は A 町を 8 時ちょうどに出発し時速 20km で B 町に向かいました。次郎君は B 町を時速 30km で出発し、12 時ちょうどに A 町に到着しました。途中太郎君と次郎君は何時何分に出会いましたか。ダイヤグラムを書いて考えよう。

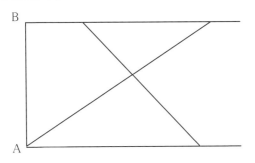

【練習2】

太郎君は A 町を 6 時ちょうどに出発し B 町に向かいました。次郎君は B 町を時速 30km で出発し、途中 7 時 40 分に太郎君と出会い、9 時ちょうどに A 町に到着しました。このとき太郎君の速さは時速何 km ですか。ダイヤグラムを書いて考えよう。

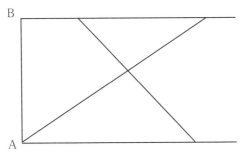

19

テーマ4　キョリ一定（追いつき）

【例題】

太郎君はA町を9時ちょうどに出発し時速30kmでB町に向かいました。次郎君はその後9時20分にA町を時速45kmで出発し、B町に向かいました。途中次郎君は何時何分に太郎君に追いつきましたか。

【解説】

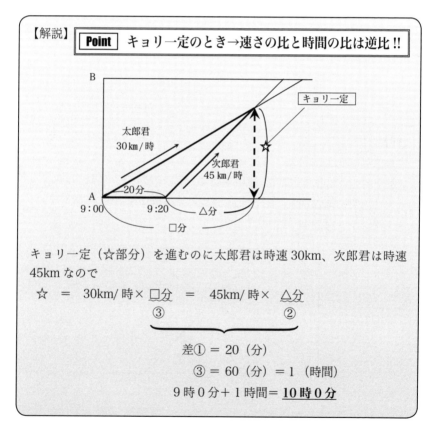

Point キョリ一定のとき→速さの比と時間の比は逆比!!

キョリ一定（☆部分）を進むのに太郎君は時速30km、次郎君は時速45kmなので

$$☆ = 30km/時 × \underbrace{□分}_{③} = 45km/時 × \underbrace{△分}_{②}$$

差① ＝ 20（分）

③ ＝ 60（分）＝ 1（時間）

9時0分＋1時間＝ **10時0分**

▼解答は 234 ページ

【練習 1 】

太郎君は A 町を 8 時ちょうどに出発し時速 20km で B 町に向かいました。次郎君はその後 10 時ちょうどに A 町を時速 50km で出発し、B 町に向かいました。途中次郎君は何時何分に太郎君に追いつきましたか。ダイヤグラムを書いて考えよう。

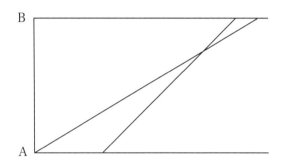

【練習 2】

太郎君は A 町を 9 時ちょうどに出発し時速 45km で B 町に向かいました。次郎君はその後 10 時 30 分に A 町を出発し、途中 12 時に太郎君に追いつき、B 町に向かいました。次郎君の速さは時速何 km ですか。ダイヤグラムを書いて考えよう。

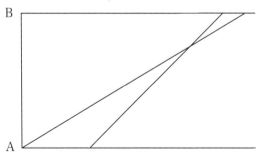

19

テーマ1 仕事算①

【例題】

次の各問いに答えなさい。

(1) 1日で5人ずつ働くと12日で終わる仕事があります。この仕事を6人で働くと何日間で終わりますか。

(2) 1日で6人ずつ働くと20日で終わる仕事があります。この仕事をはじめ8人で5日間働き、残りを5人で仕上げようと思います。全部で何日間かかりますか。

【解説】

Point	全員の仕事能力が同じとき
	1人が1日にする仕事を①とする。

(1) 1人が1日にする仕事を①とすると、

全体の仕事は、 ①× 5人× 12日＝⑥⓪

⑥⓪＝①× 6人×□日 → □＝ **10(日間)**

(2) 1人が1日にする仕事を①とすると、

全体の仕事は、 ①× 6人× 20日＝⑫⓪

⑫⓪＝①× 8人× 5日＋①× 5人×□日 → □＝ 16 5 ＋ 16 ＝ **21(日間)**
　　　　　⑳　　　　　　　　⑧⓪

テーマ2　仕事算②

【例題】

次の各問いに答えなさい。

(1) ある仕事をするのにAさんならちょうど20日、Bさんならちょうど30日かかります。この仕事をAさんとBさんがいっしょにすると何日間かかりますか。

(2) ある仕事をするのにAさんならちょうど12日、Bさんならちょうど8日かかります。この仕事をAさんとBさんが協力すると何日目に終わりますか。

【解説】

> **Point** 人によって仕事能力がちがうとき
> 全体の仕事を L.C.M. でおく。

(1) 全体の仕事を20と30のL.C.M.の⑥⑩とおくと、

A の仕事量：⑥⑩÷20日＝③/日

B の仕事量：⑥⑩÷30日＝②/日

　→⑥⑩÷（③＋②）/日＝ **12（日間）**

(2) 全体の仕事を12と8のL.C.M.の㉔とおくと、

A の仕事量：㉔÷12日＝②/日

B の仕事量：㉔÷8日＝③/日

　→㉔÷（③＋②）/日＝4.8日　⇒　**5（日目）**

20

テーマ3　ニュートン算①

【例題】　次の各問いに答えなさい。

(1)　図のような 30L 入りのタンクがあります。A の管から水をいっぱい入れるのに 3 時間かかり、それを B の管から出すのに 5 時間かかりました。タンクを空にしておいて A から水を入れながら B から出すと、タンクに水がいっぱいたまるまで何時間かかりますか。

(2)　図のようなタンクがあります。A の管から水をいっぱい入れるのに 3 時間かかり、それを B の管から出すのに 5 時間かかりました。タンクを空にしておいて A から水を入れながら B から出すと、タンクに水がいっぱいたまるまで何時間かかりますか。

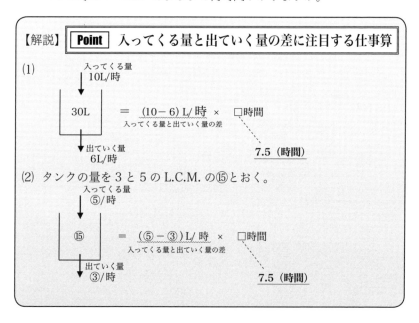

【解説】　| **Point**　入ってくる量と出ていく量の差に注目する仕事算

(1)　入ってくる量　10L/時

30L　＝　(10−6) L/時　×　□時間
　　　　入ってくる量と出ていく量の差

出ていく量　6L/時

7.5（時間）

(2)　タンクの量を 3 と 5 の L.C.M. の⑮とおく。

入ってくる量　⑤/時

⑮　＝　(⑤−③) L/時　×　□時間
　　　入ってくる量と出ていく量の差

出ていく量　③/時

7.5（時間）

<u>テーマ4　ニュートン算②</u>

【例題】　次の各問いに答えなさい。

(1)　ある水そうには 120L の水が入っています。今、毎分一定の割合で水道の蛇口から水を入れながら、同時にポンプを使って水をくみ出していきます。もし 1 台のポンプを使うなら 60 分で水そうが空になるといいます。もし 2 台のポンプを使うなら 24 分で水そうが空になるといいます。6 分で空にするためには何台のポンプが必要ですか。

(2)　たえず一定の量で水がわき出ている井戸があります。この井戸水をポンプを使って全部くみ出すのに 5 台では 9 時間、7 台では 6 時間かかります。4 時間で水を全部くみ出すには、何台のポンプが必要ですか。

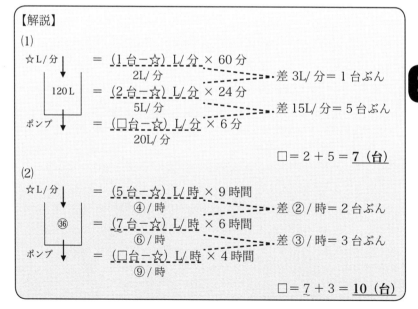

20

テーマ1 π (= 3.14) の計算練習

【例題】

$\pi = 3.14$ として、次の計算をしなさい。

(1) $7 \times \pi$　　　　　(2) $12 \times \pi$　　　　　(3) $26 \times \pi$

(4) $13 \times \pi + 28 \times \pi + 39 \times \pi$　(5) $17 \times \pi - 5 \times \pi + 8 \times \pi$

【解説】

| **Point** 3.14 の計算工夫でスピードと正確さを強化！ |

$1 \times \pi = 3.14$
$2 \times \pi = 6.28$
$3 \times \pi = 9.42$
$4 \times \pi = 12.56$
$5 \times \pi = 15.7$
$6 \times \pi = 18.84$
$7 \times \pi = 21.98$
$8 \times \pi = 25.12$
$9 \times \pi = 28.26$

$12 \times \pi = 10 \times \pi + 2 \times \pi = 31.4 + 6.28 = 37.68$
$15 \times \pi = 5 \times \pi \times 3 = 15.7 \times 3 = 47.1$
$16 \times \pi = 8 \times \pi \times 2 = 25.12 \times 2 = 50.24$
$18 \times \pi = 9 \times \pi \times 2 = 28.26 \times 2 = 56.52$
$24 \times \pi = 8 \times \pi \times 3 = 25.12 \times 3 = 75.36$
$25 \times \pi = 5 \times \pi \times 5 = 15.7 \times 5 = 78.5$

(1) $7 \times \pi = 7 \times 3.14 = \underline{\textbf{21.98}}$

(2) $12 \times \pi = 12 \times 3.14 = 10 \times 3.14 + 2 \times 3.14 = 31.4 + 6.28 = \underline{\textbf{37.68}}$

(3) $26 \times \pi = 26 \times 3.14 = 20 \times 3.14 + 6 \times 3.14 = 62.8 + 18.84 = \underline{\textbf{81.64}}$

※慣れてくると、$26 \times \pi = 25 \times \pi + 1 \times \pi = 78.5 + 3.14 = 81.64$　という計算方法も思いつくでしょう。

(4) $13 \times \pi + 28 \times \pi + 39 \times \pi = (13 + 28 + 39) \times \pi = 80 \times \pi = \underline{\textbf{251.2}}$

(5) $17 \times \pi - 5 \times \pi + 8 \times \pi = (17 - 5 + 8) \times \pi = 20 \times \pi = \underline{\textbf{62.8}}$

21

テーマ2　円の円周・面積

【例題】

次の各問いに答えなさい。ただし、円周率は 3.14 とします。

(1)　下の円の円周の長さを求めなさい。(2)　下の円の面積を求めなさい。

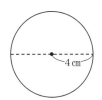　　　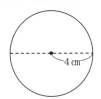

【解説】

Point　円…中心から等しいキョリの点にある集まり

※円周率（π）とは…「円周÷直径」の大きさ

（円周は直径の何倍か？）

※円周率をいくらで計算するかは、問題ごとに与えられます。

（ほとんど3.14ですが、3や3.1や$\frac{22}{7}$が与えられることもあります。）

| 円周の長さ | ⇒ 『直径×π（円周率）』 |

円周 ×半径÷2 ➡ | 円の面積 | ⇒ 『半径×半径×π（円周率）』

(1)　$8 \times \pi = 8 \times 3.14 = \underline{\textbf{25.12}}$(cm)

(2)　$4 \times 4 \times \pi = 16 \times \pi = 16 \times 3.14 = \underline{\textbf{50.24}}$(cm²)

テーマ3　おうぎ形の弧・面積

【例題】

次の各問いに答えなさい。ただし、円周率は 3.14 とします。

(1) 右の図のおうぎ形の弧の長さを求めなさい。

(2) 右の図のおうぎ形の面積を求めなさい。

※弧……おうぎ形の曲線部分

6 cm

【解説】

Point　おうぎ形…円の一部

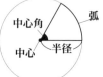

円に対する割合 → 『$\dfrac{中心角}{360°}$』

円の大きさの何倍（何分の何）にあたるのか

弧　中心角　半径　中心

おうぎ形の弧の長さ ⇒ 『半径 × 2 × π × $\dfrac{中心角}{360°}$』

おうぎ形の面積 ⇒ 『半径 × 半径 × π × $\dfrac{中心角}{360°}$』

(1)　$6 \times 2 \times \pi \times \dfrac{90}{360} = 3 \times \pi = 3 \times 3.14 = \underline{\textbf{9.42}}$(cm)

(2)　$6 \times 6 \times \pi \times \dfrac{90}{360} = 9 \times \pi = 9 \times 3.14 = \underline{\textbf{28.26}}$(cm²)

【練習】

次の各問いに答えなさい。ただし、円周率は 3.14 とします。

(1)　半径が 6cm で中心角が 120° のおうぎ形の弧の長さを求めなさい。

(2)　半径が 6cm で中心角が 240° のおうぎ形の面積を求めなさい。

(3)　半径が 10cm で中心角が 72° のおうぎ形の弧の長さを求めなさい。

(4)　半径が 10cm で中心角が 144° のおうぎ形の面積を求めなさい。

(5)　半径が 4cm で弧の長さが 9.42cm のおうぎ形の中心角は何度ですか。

(6)　半径が 10cm で弧の長さが 47.1cm のおうぎ形の中心角は何度ですか。

テーマ4　中心と結ぶ

【例題】

右図は、点 O を中心とする半径 12cmの円で、円周上の 12 個の点は、円周を 12 等分する点です。斜線部分の面積を求めなさい。ただし、円周率は 3.14 とします。

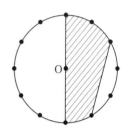

【解説】

Point 曲線がどのおうぎ形の一部なのかを明確にする

　　　　　→ **中心と結ぶ!!**

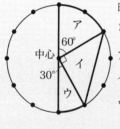

曲線の両端を中心と結ぶことで、曲線がどのおうぎ形の一部なのかがはっきりします。

ア→ $12 \times 12 \times \pi \times \dfrac{60}{360} = 24 \times \pi$

イ→ $12 \times 12 \div 2 = 72$

ウ→ $12 \times 12 \times \pi \times \dfrac{30}{360} = 12 \times \pi$

$\left.\begin{array}{}\\ \\ \\ \end{array}\right\}$ $36 \times \pi + 72$

⇒ $36 \times 3.14 + 72 = \underline{185.04}$ （cm²）

注意 **π計算はまとめて最後に一回だけ!!**

【練習】

次の各問いに答えなさい。ただし、円周率は 3.14 とします。

(1)　右の図で、四角形 ABCD は
AB=6cm，BC = 8cm，AC = 10cm
の長方形で、四角形 ECGF はこれ
と合同です。また、曲線 AF は C
を中心とする円の円周の一部分で
す。斜線部分の面積を求めなさい。

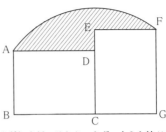

※ 弧（曲がった線）を見つけたら、まず、中心と結ぶ!!
　　中心はどの点でしょうか？

(2)　図の斜線部分の面積をそれぞれ求めなさい。

①

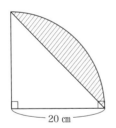

　　20 cm

②

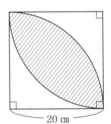

　　20 cm

(3)　右の図の斜線部分の面積を求めなさい。

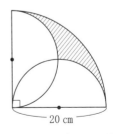

　　20 cm

※ 弧（曲がった線）を見つけたら、まず、中心と結ぶ!!
結んだら、全体のおうぎ形から白い部分を引きましょう！

テーマ5　半径×半径

【例題】

円周率を 3.14 とするとき、下のおうぎ形の面積を求めなさい。

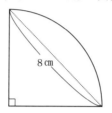

【解説】

> **Point**　半径がわからないとき…
> 　　　　　『半径×半径』の値を求めればよい!!
> 　　（1辺が半径と同じ大きさの正方形の面積）

おうぎ形の半径を□cmとすると、

おうぎ形の面積は→□×□×π×$\frac{90}{360}$

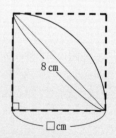

□×□の大きさは対角線の長さが8cmの正方形の面積と等しいので

□×□＝8×8÷2＝32

□×□×π×$\frac{90}{360}$＝32×π×$\frac{1}{4}$＝8×π＝**25.12 (cm²)**

【練習】

(1) 円周率を 3.14 とするとき、下のおうぎ形の面積を求めなさい。

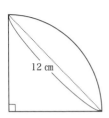

(2) 次の図は円と正方形を重ねたものです。円周率を 3.14 として、斜線部分の面積を求めなさい。

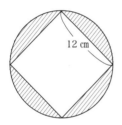

(3) 次の図は円と正方形を重ねたものです。円周率を 3.14 として、斜線部分の面積を求めなさい。

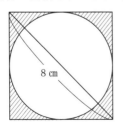

No.22 立方体の展開図と柱体の求積

テーマ1 立方体の展開図

【例題】

次の立方体の展開図に頂点を書き入れなさい。

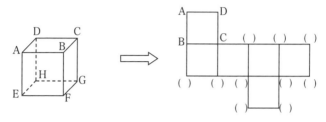

【解説】

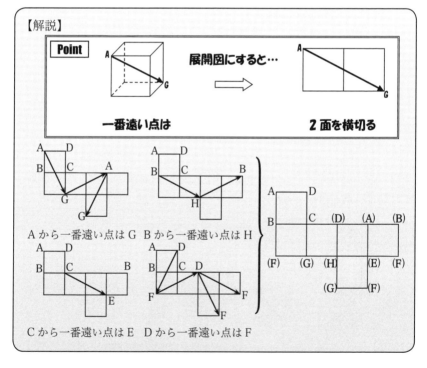

テーマ2　柱体の体積

22

【例題】

次の立体の体積を求めなさい（円周率は 3.14 とします）。

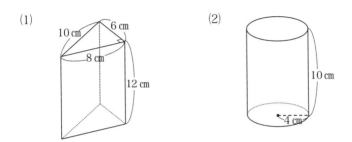

(1)　10 cm　6 cm　8 cm　12 cm

(2)　10 cm　4 cm

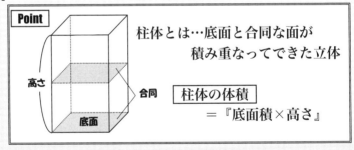

【解説】

Point

柱体とは…底面と合同な面が
　　　　積み重なってできた立体

高さ　合同　底面

柱体の体積
＝『底面積×高さ』

(1)　$\underset{\text{底面積}}{6 \times 8 \div 2} \times \underset{\text{高さ}}{12} = \underline{288}(\text{cm}^3)$

(2)　$\underset{\text{底面積}}{4 \times 4 \times \pi} \times \underset{\text{高さ}}{10} = 160 \times \pi = 160 \times 3.14 = \underline{502.4}(\text{cm}^3)$

テーマ3　柱体の表面積

【例題】

次の立体の表面積を求めなさい（円周率は 3.14 とします）。

(1)

(2)

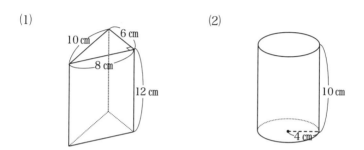

【解説】

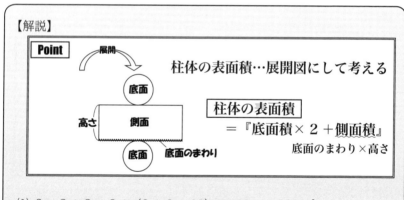

Point

展開 → 柱体の表面積…展開図にして考える

底面

側面　高さ

底面　底面のまわり

柱体の表面積
= 『底面積× 2 ＋側面積』
底面のまわり×高さ

(1) $\underset{\text{底面積×2}}{6 \times 8 \div 2 \times 2}$ ＋ $\underset{\text{底面のまわり}}{(6 + 8 + 10)}$ × $\underset{\text{高さ}}{12}$ ＝ $\underline{336}(\text{cm}^2)$

(2) $\underset{\text{底面積×2}}{4 \times 4 \times \pi \times 2}$ ＋ $\underset{\text{底面のまわり}}{8 \times \pi} \times \underset{\text{高さ}}{10}$ ＝ $112 \times \pi$ ＝ $\underset{314}{100\,\pi}$ ＋ $\underset{37.68}{12\,\pi}$ ＝ $\underline{\textbf{351.68}}(\text{cm}^2)$

テーマ 4　複合図形の体積・表面積

【例題】

次の立体の体積と表面積を求めなさい（円周率は 3.14 とします）。

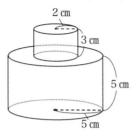

2 cm

3 cm

5 cm

5 cm

【解説】

| Point | 場所ごとに分けて考える！ |

体積　【1 階部分】 $5 \times 5 \times \pi \times 5 = 125 \times \pi$
　　　【2 階部分】 $2 \times 2 \times \pi \times 3 = 12 \times \pi$

$137 \times \pi$
$= 100\pi + 15\pi + 12\pi + 10\pi$
$= 314 + 47.1 + 37.68 + 31.4$
$= \underline{430.18}$ (cm³)

表面積　【上面と下面】 $5 \times 5 \times \pi \times 2 = 50 \times \pi$
　　　　【1 階側面】 $10 \times \pi \times 5 = 50 \times \pi$
　　　　【2 階側面】 $4 \times \pi \times 3 = 12 \times \pi$

$112 \times \pi$
$= 100\pi + 12\pi$
$= 314 + 37.68$
$= \underline{351.68}$(cm²)

上向きの面を合わせると
↓
下面と合同

テーマ5　平均の高さ

【例題】

次の立体の体積を求めなさい。

(1)

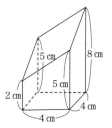

(2)

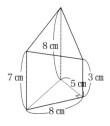

【解説】

| **Point** | 平均の高さの利用 |

底面が点対称図形のとき　⇒　一番高い柱と一番低い柱の高さの平均

底面が三角形のとき　　　⇒　3本の柱の高さの平均

(1)

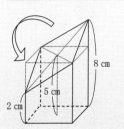

でこぼこを平らにすると

高さ5cmの直方体と考えられます。

$$4 \times 4 \times \underbrace{\frac{2+8}{2}}_{\text{平均の高さ}} = \underline{80} \ (\text{cm}^3)$$
$$\underbrace{}_{\text{底面積}}$$

(2)　三角柱をナナメに切った立体は、3本の柱の平均が高さとなる三角柱の体積と同じになります。

$$\underbrace{5 \times 8 \div 2}_{\text{底面積}} \times \underbrace{\frac{3+7+8}{3}}_{\text{平均の高さ}} = \underline{120} \ (\text{cm}^3)$$

▼解答は 234 ページ

No.22【練習】

22

次の立体図形の体積と表面積をそれぞれ求めなさい。ただし、円周率は 3.14 とします。

(1)

(2)

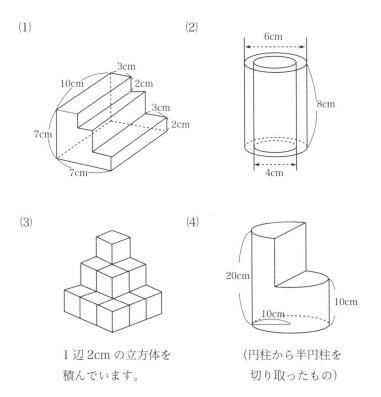

(3)

(4)

1辺2cm の立方体を
積んでいます。

(円柱から半円柱を
切り取ったもの)

テーマ1　すい体の体積・表面積

【例題】

次の立体の体積と表面積を求めなさい（円周率は 3.14 とします）。

(1) 下の立体の体積を求めなさい。(2) 下の立体の表面積を求めなさい。

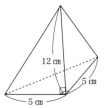

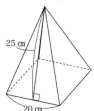

【解説】

Point　すい体とは…先のとんがった立体

（底面と平行な切断面は底面と相似）

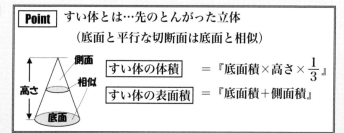

| すい体の体積 | $= $『底面積×高さ×$\frac{1}{3}$』 |
| すい体の表面積 | $= $『底面積＋側面積』 |

(1) $\underset{底面積}{\underline{5 \times 5 \div 2}} \times \underset{高さ}{\underline{12}} \times \frac{1}{3} = \underline{50(cm^3)}$

(2) 【底面積】　$20 \times 20 = 400$
　　【側面積】　$20 \times 25 \div 2 \times 4 = 1000$　　$\left.\right\}$　$\underline{1400 \;(cm^2)}$

テーマ2　円すいの展開図

【例題】

次の図は円すいの展開図です。□にあてはまる値を求めなさい、

(1)

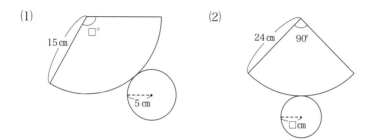

(2)

【解説】

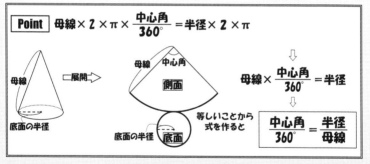

Point 母線 $\times 2 \times \pi \times \dfrac{\text{中心角}}{360°} = $ 半径 $\times 2 \times \pi$

⇩

母線 $\times \dfrac{\text{中心角}}{360°} = $ 半径

⇩

等しいことから式を作ると

$\boxed{\dfrac{\text{中心角}}{360°} = \dfrac{\text{半径}}{\text{母線}}}$

$\dfrac{\text{中心角}}{360°} = \dfrac{\text{半径}}{\text{母線}}$ の関係を利用します。

(1)　$\dfrac{\square}{360} = \dfrac{5}{15}$　$\square = \underline{\mathbf{120}}$　　(2)　$\dfrac{90}{360} = \dfrac{\square}{24}$　$\square = \underline{\mathbf{6}}$

テーマ3 円すいの側面積

【例題】

下の円すいの表面積を求めなさい（ただし、円周率は3.14とします）。

8 cm

4 cm

【解説】

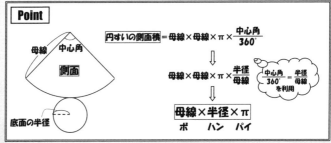

Point

円すいの側面積＝母線×母線×π×中心角/360°

⇩

母線×母線×π×半径/母線

（中心角/360°＝半径/母線 を利用）

⇩

母線×半径×π
  ボ   ハン パイ

母線　中心角　側面

底面の半径

「円すいの側面積＝母線×半径×π」を利用します。

【側面】 $\underset{母線}{8} \times \underset{半径}{4} \times \pi = 32 \times \pi$

【底面】 $4 \times 4 \times \pi = 16 \times \pi$

$48 \times \pi = \underline{150.72}$ （cm²）

テーマ4　すい台の体積

【例題】

次の立体の体積を求めなさい。

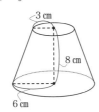

【解説】

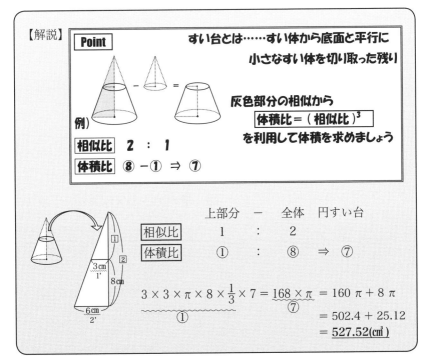

Point

すい台とは……すい体から底面と平行に
小さなすい体を切り取った残り

灰色部分の相似から

体積比＝（相似比）^{3}

を利用して体積を求めましょう

例）

相似比　**2 ： 1**

体積比　**⑧ － ① ⇒ ⑦**

	上部分	－	全体	円すい台
相似比	1	：	2	
体積比	①	：	⑧	⇒ ⑦

$$3 \times 3 \times \pi \times 8 \times \frac{1}{3} \times 7 = \frac{168 \times \pi}{⑦} = 160\,\pi + 8\,\pi$$

$$= 502.4 + 25.12$$

$$= \underline{527.52}\,(\text{cm}^3)$$

No.23 すい体・すい台の求積

テーマ5　すい台の表面積

【例題】

次の立体の表面積を求めなさい。

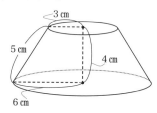

【解説】

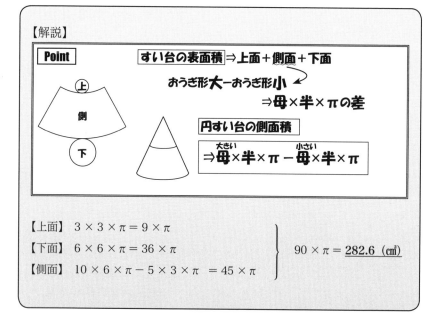

Point	すい台の表面積 ⇒ 上面＋側面＋下面

おうぎ形**大**－おうぎ形**小**

⇒ **母×半×π** の差

円すい台の側面積

⇒ **母×半×π** － **母×半×π**

【上面】　$3 \times 3 \times \pi = 9 \times \pi$

【下面】　$6 \times 6 \times \pi = 36 \times \pi$

【側面】　$10 \times 6 \times \pi - 5 \times 3 \times \pi = 45 \times \pi$

$90 \times \pi = \underline{282.6}$ (cm²)

テーマ6　展開図が正方形の三角すい

【例題】

右の図は一辺が 12cm の立方体で、M,N は
それぞれ辺 AB,BC の真ん中の点です。いま、
3つの点 M,N,F を通る平面でこの立方体を
図のように切り取りました。切り取った三
角すいの体積と表面積を求めなさい。

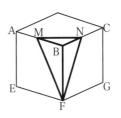

23

【解説】

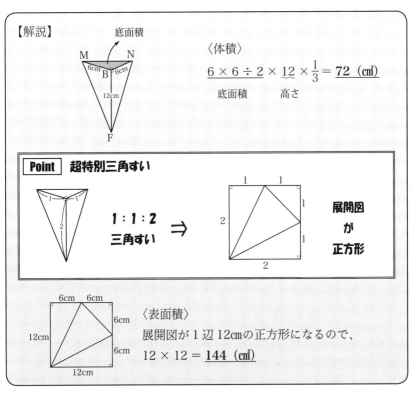

〈体積〉

$$\underline{6 \times 6 \div 2} \times \underline{12} \times \frac{1}{3} = \underline{72} \ (cm^3)$$

底面積　　　　　高さ

Point **超特別三角すい**

1：1：2
三角すい ⇒

展開図
が
正方形

〈表面積〉

展開図が 1 辺 12cm の正方形になるので、

$$12 \times 12 = \underline{144} \ (cm^2)$$

テーマ1　回転体

【例題】

下の図形を直線の周りに1回転させたときにできる立体の体積と表面積を求めなさい。ただし円周率は3.14とします。

(1)

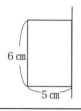

6 cm

5 cm

(2)

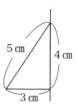

5 cm　4 cm

3 cm

【解説】

Point	**長方形を1回転させると**	**直角三角形を1回転させると**
	⇒**円柱**	⇒**円すい**

(1) 体積　：$5 \times 5 \times \pi \times 6 = 150 \times \pi = \underline{471}$(cm³)

表面積：【底面積】$5 \times 5 \times \pi \times 2 = 50 \times \pi$ ⎫
　　　　【側面積】$10 \times \pi \times 6 = 60 \times \pi$ ⎬ $110 \times \pi = \underline{345.4}$(cm²)

(2) 体積　：$3 \times 3 \times \pi \times 4 \times \dfrac{1}{3} = 12 \times \pi = \underline{37.68}$ (cm³)

表面積：【底面積】　$3 \times 3 \times \pi = 9 \times \pi$ ⎫
　　　　【側面積】　$5 \times 3 \times \pi = 15 \times \pi$ ⎬ $24 \times \pi = \underline{75.36}$ (cm²)

▼解答は 235 ページ

【練習1】

下の図形を直線の周りに1回転させたときにできる立体の体積を求め
なさい。ただし円周率は 3.14 とします。

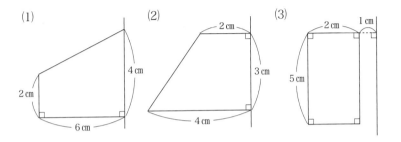

(1)　4 cm　2 cm　6 cm

(2)　2 cm　3 cm　4 cm

(3)　2 cm　1 cm　5 cm

24

【練習2】

下の図形を直線の周りに1回転させたときにできる立体の表面積を求
めなさい。ただし円周率は 3.14 とします。

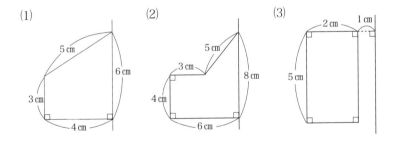

(1)　5 cm　6 cm　3 cm　4 cm

(2)　5 cm　3 cm　8 cm　4 cm　6 cm

(3)　2 cm　1 cm　5 cm

テーマ2　立体の切断①～結ぶ・平行～

【例題】

次の立方体を図の3点を通る平面で切ったときの切り口の形を答えなさい。

(1) 　　　　　(2)

【解説】

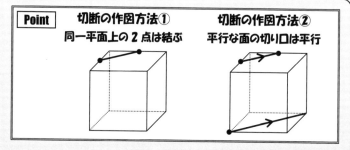

Point

切断の作図方法①
同一平面上の2点は結ぶ

切断の作図方法②
平行な面の切り口は平行

(1) 3点をそれぞれ互いに同じ平面上にあるので結べばOK

(2) 上の面の2点を結んで、それと平行に下面の点を通って線を引く。残りも結ぶ。

正三角形

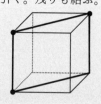
長方形

▼解答は 235 ページ

【練習】

次の立方体を図の 3 点を通る平面で切ったときの切り口の形を答えなさい。

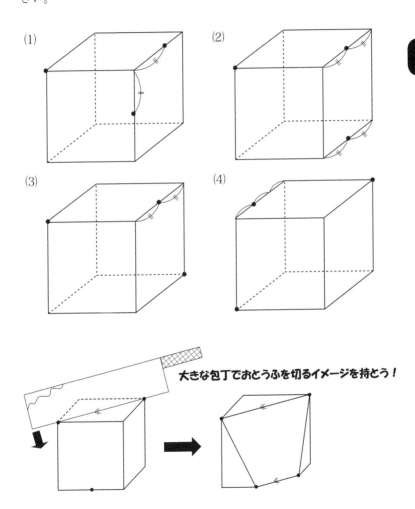

大きな包丁でおとうふを切るイメージを持とう！

<u>テーマ3　立体の切断②〜延長〜</u>

【例題】

次の1辺6cmの立方体を図の3点M, N, R（M, Nは辺の中点）を通る平面で切ったときの切り口の形を作図しなさい。また、辺PQと切断面が交わる点をSとするとき、PSの長さは何cmですか。

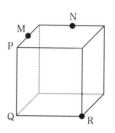

【解説】

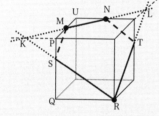

Point

切断の作図方法③　切り口を延長して立方体の外側も切る

左側と奥側に空間を延長すると、点K, LはRと同一平面上となるので結べます。直線KR, LRが辺と交わったところが点S, Tとなるので、それぞれ点M, Nと結ぶと、五角形の切り口が作図できます。

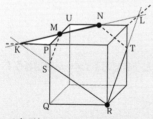

三角形MNUとMKPのちょうちょう相似に注目して、相似比1：1よりKP = 3(cm)

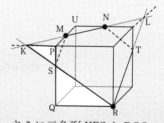

さらに三角形KPSとRQSのちょうちょう相似に注目して、相似比1：2よりPS = <u>2(cm)</u>

【練習 1 】

次の 1 辺 6cmの立方体を図の 3 点 M, N, R（UM ＝ UN ＝ 2cm）を通る平面で切ったとき、辺 PQ と切断面が交わる点を S とします。PS の長さは何cmですか。

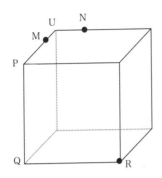

24

【練習 2 】

次の 1 辺 6cmの立方体を図の 3 点 M, N, R（すべて辺の中点）を通る平面で切ったとき、辺 PQ と切断面が交わる点を S とします。PS の長さは何cmですか。

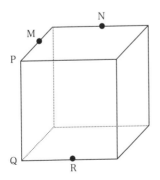

テーマ4　面・頂点・辺の数

【例題】

正八面体の辺の本数と頂点の数を求めなさい。

【解説】

Point

バラバラにした状態で数えて、組み立てたときの重なりで割る

辺の数

展開図をバラバラにして考えると正三角形が8枚あります。

バラバラの状態では $3 \times 8 = 24$（本）の辺があることになりますが、

再び組み立てると、1本の辺に2面が集まって共有しているので $24 \div 2 = \underline{12 \text{（本）}}$

頂点の数

頂点も辺と同様に、展開図をバラバラにして考えると正三角形が8枚。

バラバラの状態では $3 \times 8 = 24$（個）の頂点があることになりますが、

再び組み立てると、1つの頂点に4面が集まって共有しているので $24 \div 4 = \underline{6 \text{（個）}}$

≪注意≫

辺の場合は必ず「1本の辺に2面が集まる」ことになるのに対し、頂点の場合は立体によって異なるので、立体の見取り図をイメージできるようにしておく必要があります。

【参考】

多面体において面、頂点、辺には以下のような関係が必ず成り立ちます。

「面の数＋頂点の数－辺の数＝2」 ← **オイラーの多面体定理** といいます。

出した答えが合っているかどうか確認のための検算に使いましょう。

【練習1】

下の表に数を埋めなさい。

	面の数	頂点の数	辺の数
五角柱			
三角すい			
四角すい台			

【練習2】

下の表に数を埋めなさい。

	面の数	頂点の数	辺の数
正四面体			
立方体			
正十二面体			
正二十面体			

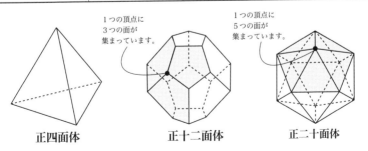

1つの頂点に
3つの面が
集まっています。

1つの頂点に
5つの面が
集まっています。

正四面体　　　　正十二面体　　　　正二十面体

テーマ1　場合分けして数える　　**場合の数の基本！**

【例題】

1 , 2 , 3 , 4 , 5 と書かれた5枚のカードから2枚を選んでならべて2けたの数を作ります。

(1) 小さい方から数えて10番目の数を求めなさい（十の位が1のとき，2のとき，……のように場合分けして数えましょう）。

(2) 奇数は何通りできますか（一の位が1のとき，3のとき，……のように場合分けして数えましょう）。

【解説】　| **Point** 場合分けして順序良く数える |

(1) 小さい方から順序良く数えましょう。

　　1 のとき　⇒　2 , 3 , 4 , 5 の4個
　　2 のとき　⇒　1 , 3 , 4 , 5 の4個　　┐8個　（あと2個）
　　3 のとき　⇒　1 , 2

　　　　　　　10番目　　→　**32**

(2) 奇数……「一の位が奇数」なので一の位で場合分けしましょう。

　　　　　　　　　十の位
　　1 のとき　⇒　2 , 3 , 4 , 5 の4通り ┐
　　3 のとき　⇒　1 , 2 , 4 , 5 の4通り ├ **12通り**
　　5 のとき　⇒　1 , 2 , 3 , 4 の4通り ┘

▼解答は 236 ページ

【練習】

⓪, ①, ②, ③, ④, ⑤の 6 枚のカードを使って 2 けたの数を作ります。

(1)　奇数は何通りできますか（一の位が①のとき, ③のとき, ……のように場合分けして数えましょう）。

25

(2)　偶数は何通りできますか（一の位が⓪のとき, ②のとき, ……のように場合分けして数えましょう）。

(3)　4 の倍数は何通りできますか（下 2 けたが①②のとき, ②⓪のとき, ②④のとき……のように場合分けして数えましょう）。

(4)　十の位が一の位より大きな数は何通りできますか（十の位が⑤のとき, ④のとき, ……のように場合分けして数えましょう）。

テーマ2 順列（ならべる）

【例題】

①, ②, ③, ④, ⑤, ⑥の6枚のカードがあります。

(1) 3枚を選んでならべて3ケタの数を作るとき、全部で何通りできますか。

(2) 6枚すべてをならべるとき、①, ②が必ずとなり合う場合は何通りありますか。

(3) 3枚を選んでならべて3ケタの数を作るとき、偶数は全部で何通りできますか。

【解説】

| Point | どの場合に対しても同じ通りずつ ⇒ | かけ算（積の法則） |

(1) 百の位には全部の6通り、そのどの場合に対しても十の位には、百の位で使用した数字以外の5通りずつが使えます。さらにそのどの場合にも一の位には、百、十の位で使用した数字以外の4通りずつが使えるので、

$6 \times 5 \times 4 = \underline{120 通り}$

(2) ①, ②が必ずとなり合う⇒①, ②をセットでひとかたまりにして考える
①, ②, ③, ④, ⑤, ⑥の5枚とみなしてならべ、①と②の左右ならべかえたパターンも考えて、$\underbrace{5 \times 4 \times 3 \times 2 \times 1}_{5枚をならべる} \quad \underbrace{\times 2}_{1、2の入れ替え} = \underline{240 通り}$

(3) 一の位が2のとき、残り5枚で百の位と十の位の2けたをならべる。
一の位が4のとき、6のときも同様なので、

$\underbrace{5 \times 4}_{5枚から2枚をならべる} \quad \underbrace{\times 3}_{2、4、6どれも同様} = \underline{60 通り}$

▼解答は 236 ページ

【練習1】

A，B，C，D，E の 5 人が一列にならぶ場合を考えます。

(1) 全部で何通りのならび方がありますか。

(2) A，B が必ずとなり合う場合は何通りありますか。

25

【練習2】

① , ② , ③ , ④ , ⑤ , ⑥ , ⑦の 7 枚のカードから 3 枚を選んでならべ、3 けたの数を作ります。

(1) 全部で何通りできますか。

(2) ① , ②がとなり合う場合は何通りありますか（左の(2)とはちょっと違う問題です）。

(3) 偶数は全部で何通りできますか。

テーマ3 組み合わせ（選ぶ）

【例題】 次の各問いに答えなさい。
　(1) A,B,C,D,E の5人から2人を選ぶ選び方は何通りありますか。
　(2) A,B,C,D,E,F の6人から3人を選ぶ選び方は何通りありますか。
　(3) A,B,C,D,E の5人から3人を選ぶ選び方は何通りありますか。

【解説】

| **Point** | **選ぶ ⇒ まず、ならべておいて、重複で割る（順番の区別をなくす）** |

(1) 5人から2人を『ならべる』場合は、$5 \times 4 = 20$ 通りあります。ただ、『選ぶ』場合は [AB] とならべる場合と [BA] とならべる場合の区別はしないので、2人のならべ方の $2 \times 1 = 2$ 通りずつ重ねて数えてしまっているので、$20 \div 2 = \underline{\textbf{10 通り}}$ と求めることができます。また、『5人から2人を選ぶ』ことを $_5C_2$ と書き、

$$_5C_2 = \frac{5 \times 4}{2 \times 1} = \underline{\textbf{10 通り}} \quad と計算します。$$

(2) 6人から3人を『ならべる』場合は、$6 \times 5 \times 4 = 120$ 通り、『選ぶ』場合は3人のならべ方 [ABC][ACB][BAC][BCA][CAB][CBA] の $3 \times 2 \times 1 = 6$ 通りずつ重ねて数えてしまっているので、

$$_6C_3 = \frac{6 \times 5 \times 4}{3 \times 2 \times 1} = \underline{\textbf{20 通り}}$$

(3) 「5人から3人を選ぶ」のは、「5人から選ばない2つを選ぶ」ことと同じ。

$$_5C_3 = {_5C_2} = \frac{5 \times 4}{2 \times 1} = \underline{\textbf{10 通り}}$$

【練習】 次の各問いに答えなさい。

(1) 4人から2人を選ぶ選び方は何通りありますか。

(2) 6人から2人を選ぶ選び方は何通りありますか。

25

(3) 7人から3人を選ぶ選び方は何通りありますか。

(4) 10人から4人を選ぶ選び方は何通りありますか。

(5) 10人から8人を選ぶ選び方は何通りありますか。

(6) 男子5人、女子7人のクラスから、男子女子2人ずつ日直を選ぶ
選び方は何通りありますか。

テーマ4　同じものを含む順列

【例題】　次の各問いに答えなさい。

(1)　白3個、黒4個の碁石を一列にならべるならべ方は何通りありますか。

(2)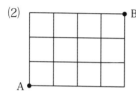

左の図のようにたて、よこに作られた道があります。A地点から最短コースを通ってB地点へ行く行き方はそれぞれ何通りですか。

【解説】　**Point**　**場所選び**

(1)　7か所の場所からどの3か所に白を入れるかを選べばよい。

（残りの場所は自動的に黒と決まる）

$$_7C_3 = \underline{\textbf{35 通り}}$$

(2)　**≪解法1≫　イチイチ解法**

ある交差点へ行くには、一つ手前はその左か下の交差点にいなければなりません。そのそれぞれの一つ手前の交差点に最短で行く行き方を足し合わせればその交差点まで最短で行く場合が求まります。そのたし算をくり返していくと右のようになります。

1	4	10	20	35
1	3	6	10	15
1	2	3	4	5
	1	1	1	1

≪解法2≫　同じものを含む順列

(1)と同じように「場所選び」の考え方でも求めることができます。

AからBへの最短の行き方は上（↑）に3歩、右（→）に4歩の計7歩を進む場合です。7歩のうちからどの3歩で上に行くかを選べばよいので、

$$_7C_3 = \underline{\textbf{35 通り}}$$

【練習1】

次の各問いに答えなさい。

(1) 白2個、黒6個の碁石を一列にならべるならべ方は何通りありますか。

(2) 白3個、黒7個の碁石を一列にならべるならべ方は何通りありますか。

(3) 白5個、黒3個の碁石を一列にならべるならべ方は何通りありますか。

【練習2】

下のそれぞれの図において、A地点から最短コースを通ってB地点へ行く行き方はそれぞれ何通りですか。

(1)   (2)

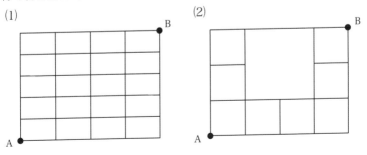

No.26 水問題

テーマ1　移し替え

【例題】

底面が1辺3cmの正方形の直方体の容器に深さ12cmのところまで水を入れておきます。この水を底面が1辺6cmの直方体の容器に移し替えると水の深さは何cmになりますか。

【解説】

> **Point** **水問題**
> ① **正面の図で整理する（下の辺は底面積ととらえる）**
> ② **底面積は比を利用する（実際の値だとややこしい）**

底面の相似比は　1：2　⇒　底面の面積比　1：4

水の体積は変わっていないので、底面積の比と高さの比は逆比。⇒高さ　4：1

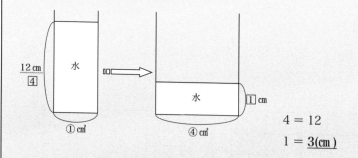

$$4 = 12$$
$$1 = \underline{3(cm)}$$

※　**正面の図で整理すると、「よこ」が「底面積」、「たて」が「高さ」になります。**
底面積は実際の値ではなく比を活用しましょう。

【練習1】

底面の半径が2cmの円柱の容器に深さ18cmのところまで水を入れておきます。この水を底面が半径6cmの円柱の容器に移し替えると水の深さは何cmになりますか。

26

【練習2】

右の図のような円柱形の容器A,Bがあります。Aの容器は今のところ空ですがBの容器には水がいっぱいまで入っています。このとき、次の問いに答えなさい。ただし円周率は3.14とします。

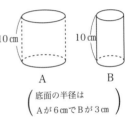

$$\left(\begin{array}{l}\text{底面の半径は}\\ \text{Aが6cmでBが3cm}\end{array}\right)$$

(1) Bの容器の水を全部Aの容器に移し替えたとき、Aの容器の水の高さは何cmになりますか。

(2) Bの容器とAの容器の水の高さが同じになるように、Bの水を移し替えると、A,B両方の容器の水の高さは何cmになりますか。

テーマ2 傾け

【例題】

底面が一辺 10cmの正方形で高さが 15cmの直方体の容器があります。この容器を満水にした後で図のように底面の正方形の一辺を地面につけたまま 45 度傾けました。こぼれた水の体積を求めなさい。

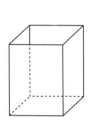 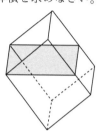

【解説】

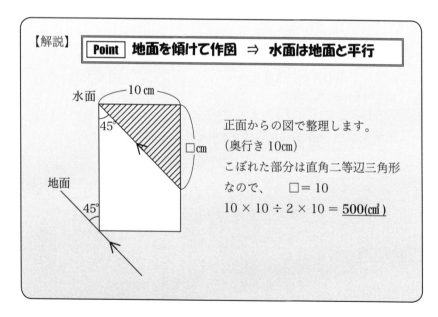

Point **地面を傾けて作図 ⇒ 水面は地面と平行**

水面 ———10 cm———

45°

□cm

地面

45°

正面からの図で整理します。
（奥行き 10cm）
こぼれた部分は直角二等辺三角形なので、　□ = 10
$10 \times 10 \div 2 \times 10 = \underline{500(\text{cm}^3)}$

▼解答は 236 ページ

【練習 1】

底面が一辺 10cm の正方形で高さが 12cm の直方体の容器があります。この容器を 2 等分するようにしきりを入れ、この容器を満水にした後で図のように底面の正方形の一辺を地面につけたまま 45 度傾けました。こぼれた水の体積を求めなさい。

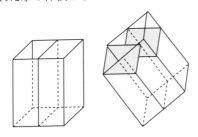

26

【練習 2】

たて 8cm, 横 7cm, 高さ 6cm の直方体の容器に水がいっぱい入っています。この容器を 8cm の辺を軸として静かに 45 度傾けて水を流しました。容器を元に戻したとき残っている水の深さを求めなさい。下の図は、この容器を正面から見たときのものです。

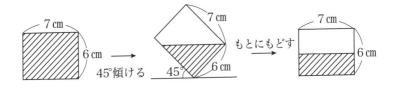

テーマ3　ひっくり返し

【例題】

右の図のような円柱を2つ組み合わせた形の水そうがあります。この水そうに水を底から14cmのところまで入れました。その後でこの容器を逆さまにすると、水面の高さは何cmになりますか。ただし円周率は3.14とします。

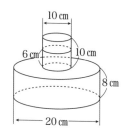

【解説】

| **Point** 水だけでなく『すき間（空気）』にも注目！ |

底面の相似比1:2　⇒　底面積比1:4

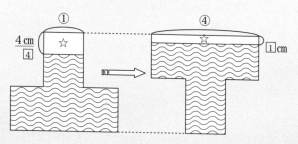

ひっくり返しても容器や水の体積は変わらない

⇒　すき間の体積も変わらない（☆）

⇒　底面積比と高さ比は逆比

④ = 4 （cm）　① = 1 （cm）→　18 − 1 = __17(cm)__

▼解答は 237 ページ

【練習1】

右の図のような円柱を2つ組み合わせた形の水そうがあります。この水そうに水を底から13cmのところまで入れました。その後でこの容器を逆さまにすると、水面の高さは何cmになりますか。ただし円周率は3.14とします。

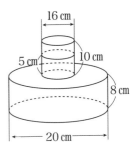

26

【練習2】

図⑦のような三角柱の容器の中に、下から4cmのところまで水が入っています。この容器を④のように8cm, 6cmの三角形の部分が底になるように立てました。このとき水の深さは何cmになりますか。※⑦は正面を底面積、奥行き **10 ㎝を高さとして考えよう**

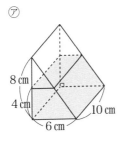

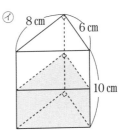

テーマ4　物体入れ

【例題】

一辺の長さが8cmの立方体の容器に、水が5cmの深さまで入っています。
この中に一辺の長さが4cmの立方体の形をした鉄のかたまりを入れると
水の深さは何cmになりますか。

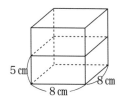

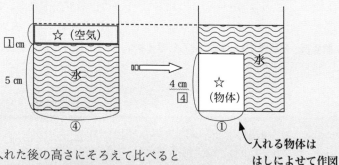

【解説】

| Point | 入れる前と後をならべて作図 ⇒ 同じ体積に注目 |

正面からの図で整理します。底面の相似比2：1　⇒　底面積比4：1

物体を入れた後の高さにそろえて比べると

水＋空気（☆）＝水＋物体（☆）

水の体積は等しいので　　空気の体積（☆）＝物体の体積（☆）

底面積比＝4：1　より　高さ比＝1：4

④＝4（cm）より、①＝1（cm）→　5＋1＝**6（cm）**

▼解答は 237 ページ

【練習1】

図のように、半径 10cm、高さ 10cmの円柱の形をした容器に 6cmの深さまで水が入っています。そこに半径 5cm高さ 20cmの円柱の形をした棒を底まで静かに沈めていくとき、水面の高さは何cmになりますか。ただし円周率は 3.14 とします。

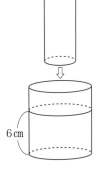

6cm

【練習2】

図1のような直方体の容器に水が 10cmの深さまで入っています。この中に図2のように直方体の棒を入れていきます。棒が 6cm水につかったとき、水の深さは何cmになりますか。

図1

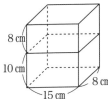

8cm
10cm
8cm
15cm

図2

6cm
3cm 4cm

テーマ1　平行移動①

【例題】

図のような長方形 ABCD と正方形 PQRS があります。図の位置から長
方形ABCDを毎秒2cmの速さで直線XYの上を矢印の方向に動かします。

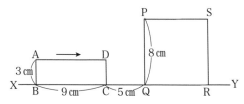

(1)　2つの図形の重なる部分の面積は5秒後には何cm²になりますか。

(2)　2つの図形の重なる部分の面積が6cm²になるのは何秒後と何秒後
　　ですか。

【解説】　**Point　1点の動きに注目して、その瞬間の図を再現！**

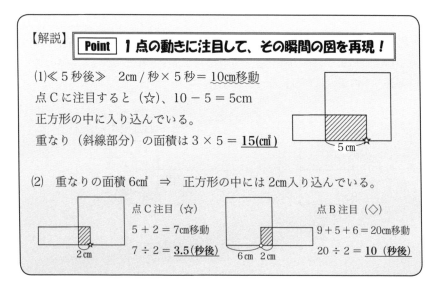

(1)≪5秒後≫　2cm/秒×5秒＝ <u>10cm移動</u>

点Cに注目すると（☆）、10−5＝5cm

正方形の中に入り込んでいる。

重なり（斜線部分）の面積は3×5＝ <u>15(cm²)</u>

(2)　重なりの面積6cm²　⇒　正方形の中には2cm入り込んでいる。

点C注目（☆）

5＋2＝7cm移動

7÷2＝ <u>3.5(秒後)</u>

点B注目（◇）

9＋5＋6＝20cm移動

20÷2＝ <u>10（秒後）</u>

【例題】

図のような長方形 ABCD と正方形 PQRS があります。図の位置から長方形 ABCD を毎秒 2cm の速さで直線 XY の上を矢印の方向に動かします。グラフはこのときの時間と重なっている部分の面積の関係を表したものです。

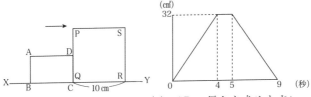

(1)　BC の長さを求めなさい。　　(2)　AB の長さを求めなさい。

(3)　重なった部分の面積が 16cm² になるのは何秒後と何秒後ですか。

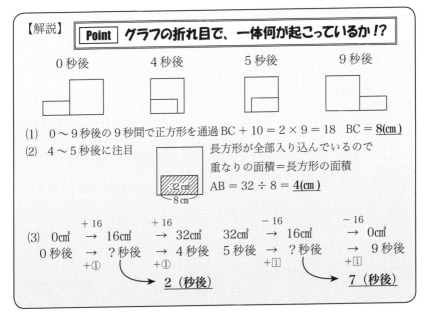

【解説】

Point　グラフの折れ目で、一体何が起こっているか!?

| 0秒後 | 4秒後 | 5秒後 | 9秒後 |

(1)　0〜9秒後の9秒間で正方形を通過　BC + 10 = 2 × 9 = 18　BC = **8(cm)**

(2)　4〜5秒後に注目　長方形が全部入り込んでいるので

32cm²　8cm　　重なりの面積＝長方形の面積

AB = 32 ÷ 8 = **4(cm)**

(3)

	+ 16		+ 16		− 16		− 16
0cm²	→	16cm²	→	32cm²	32cm² → 16cm²		→ 0cm²
0秒後	→	?秒後	→	4秒後	5秒後 → ?秒後		→ 9秒後
+①			+①		+1		+1

2（秒後）

7（秒後）

テーマ3　回転移動

【例題】

右の図は AB = 16cm, BC = 12cm, CA = 20cmの直角三角形 ABC を頂点 C のまわりに時計の針と同じ方向に 90 度回転させたものです。次の問いに答えなさい。ただし、円周率は 3.14 とします。

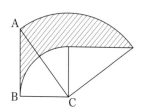

(1) 斜線部分のまわりの長さを求めなさい。

(2) 斜線部分の面積を求めなさい。

【解説】　| **Point** | 曲線は中心と結ぶ！⇒　図形式で整理して同じものを消す

(1) 部分ごとに整理しましょう。

曲線部分㋐　$40 \times \pi \times \dfrac{1}{4} = 10 \times \pi$

曲線部分㋑　$24 \times \pi \times \dfrac{1}{4} = 6 \times \pi$

直線部分　$16 \times 2 = 32$

$16 \times \pi + 32 = \underline{82.24}$ (cm)

(2) 全体から引く。直角三角形どうしは合同なので消えます。

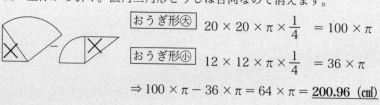

おうぎ形㋐　$20 \times 20 \times \pi \times \dfrac{1}{4} = 100 \times \pi$

おうぎ形㋑　$12 \times 12 \times \pi \times \dfrac{1}{4} = 36 \times \pi$

$\Rightarrow 100 \times \pi - 36 \times \pi = 64 \times \pi = \underline{200.96}$ (cm²)

▼解答は 237 ページ

【練習1】

右の図は直角三角形 ABC を頂点 C のまわりに時計の針と同じ方向に 135 度回転させたものです。次の問いに答えなさい。ただし、円周率は 3.14 とします。

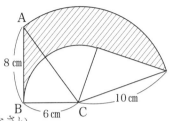

(1) 斜線部分のまわりの長さを求めなさい。

(2) 斜線部分の面積を求めなさい。

【練習2】

右の図は対角線の長さが 12cm の正方形 ABCD を点 B を中心として時計の針の進む方向に 15 度回転させたものです。斜線部分の面積を求めなさい。ただし、円周率は 3.14 とします。

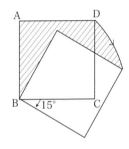

【練習3】

半径 5cm の半円を右の図のように点 B のまわりに 36 度回転させました。次の問いに答えなさい。ただし、円周率は 3.14 とします。

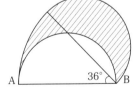

(1) 斜線部分のまわりの長さを求めなさい。

(2) 斜線部分の面積を求めなさい。

テーマ1　転がり移動

【例題】

一辺6cmの正三角形ABCを直線 ℓ 上をすべらないように辺BCがふたたび直線 ℓ 上に重なるまで転がしました。点Bの動いたあとの長さを求めなさい。円周率は3.14とします。

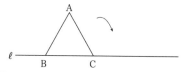

【解説】

> **Point** 一点に対して等距離 ⇒ おうぎ形の弧を描く
> （どこが中心？どこが半径？しっかり注目しながら作図！）

図形の移動は、とにかく丁寧に作図することが何よりも大事！

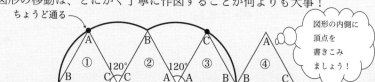

ちょうど通る

図形の内側に頂点を書きこみましょう！

≪作図の手順≫

①～②　点Cを中心とした辺BCを半径としたおうぎ形の弧を描きます。

　（※ BC = AC なので点Aをちょうど通るように作図）

②～③　点Aを中心とした辺BAを半径としたおうぎ形の弧を描きます。

　（※ BA = CA なので点Cをちょうど通るように作図）

③～④　点Bは回転の中心となるので動きません。

$$6 \times 2 \times \pi \times \frac{120}{360} \times 2 = 8 \times \pi = \underline{25.12} \ \text{(cm)}$$

【練習1】

長方形 ABCD を直線 ℓ 上にそって右下の頂点を中心として、はじめて各頂点がもとの状態と同じになるまで、90°ずつ回転させていきます。AB, BC, CA の長さをそれぞれ 4cm, 3cm, 5cm とするとき、次の問いに答えなさい。円周率は 3.14 とします。

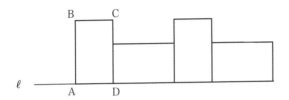

(1) 点 A の動いたあとの曲線の長さを求めなさい。

(2) 点 A が描いた曲線と直線 ℓ で囲まれた部分の面積を求めなさい。

28

【練習2】

一辺 4cm の正三角形の辺上を一辺 2cm の正三角形 ABC がすべることなく時計まわりにもとの位置に戻ってくるまで転がります。このとき、頂点 A が通ったあとの長さを求めなさい。円周率は 3.14 とします。

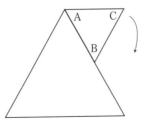

テーマ2　円転がり①

【例題】

半径1cmの円が一辺6cmの正方形の辺上を転がり
ながら1周します。円周率は3.14として、次の
問いに答えなさい。

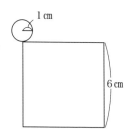

(1) 円の中心の通ったあとの長さを求めなさい。

(2) 円の通ったあとの面積を求めなさい。

【解説】

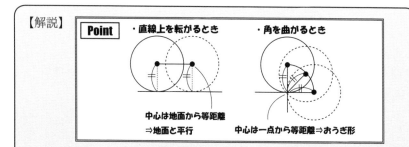

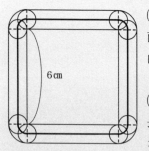

(1)

直線部分：　$6 \times 4 = 24$
曲線部分：　$2 \times \pi = 6.28$ $\Bigg\}$ __30.28__ (cm)

(2)

長方形：　　$2 \times 6 \times 4 = 48$
おうぎ形：　$2 \times 2 \times \pi = 12.56$ $\Bigg\}$ __60.56__(cm²)

▼解答は 237 〜 238 ページ

【練習1】

半径4cmの円が一辺8cmの正方形の辺上を転がり
ながら1周します。円周率は3.14として、次の
問いに答えなさい。

(1) 円の中心の通ったあとの長さを求めなさい。

(2) 円の通ったあとの面積を求めなさい。

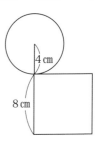

【練習2】

半径3cmの円が一辺12cmの正三角形の辺上
を転がりながら1周します。円周率は3.14
として、次の問いに答えなさい。

(1) 円の中心の通ったあとの長さを求めなさい。

(2) 円の通ったあとの面積を求めなさい。

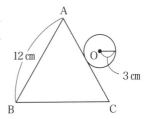

28

【練習3】

半径1cmの円が一辺11cmの正方形の辺の内側に
そって1周します。円周率は3.14として、次
の問いに答えなさい。

(1) 円の中心の通ったあとの長さを求めなさい。

(2) 円の通らない部分の面積を求めなさい。

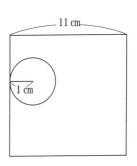

テーマ3　円転がり②

【例題】

図のように半径3cmの円が3つあります。これら3つの円のまわりを半径3cmの別の円がすべることなく転がって一周します。中心の動いたあとの長さを求めなさい。円周率は3.14とします。

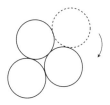

【解説】

> **Point**
>
> ・**曲線上を転がるとき**
>
> **中心は地面の中心から等距離**
> ⇒ **地面の半径＋転がる円の半径**
> **を半径としたおうぎ形**

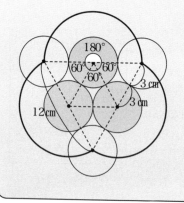

$$12 \times \pi \times \frac{180}{360} \times 3$$

$$= 18 \times \pi = \underline{56.52}\text{(cm)}$$

▼解答は 238 ページ

【練習1】

図のように半径6cmの円が4つあります。これら4つの円のまわりを半径6cmの別の円がすべることなく転がって一周します。中心の動いたあとの長さを求めなさい。円周率は3.14とします。

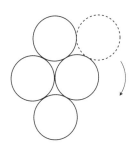

28

【練習2】

図のような半径8cm，中心角90度のおうぎ形のまわりを半径2cmの円が転がりながら一周します。このとき次の各問いに答えなさい。円周率は3.14とします。

(1) 円の中心の通ったあとの長さを求めなさい。

(2) 円の通ったあとの面積を求めなさい。

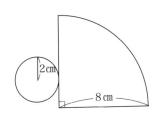

テーマ4　おうぎ形転がり

【例題】

下図のように、中心角が45度で半径が8cmのおうぎ形ABCを直線 ℓ にそってすべらないように転がします。次の各問いに答えなさい。円周率は3.14とします。

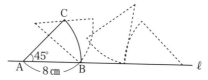

(1)　点Aの動いたあとの長さを求めなさい。

(2)　点Aの動いたあとと直線 ℓ とで囲まれた部分の面積を求めなさい。

【解説】

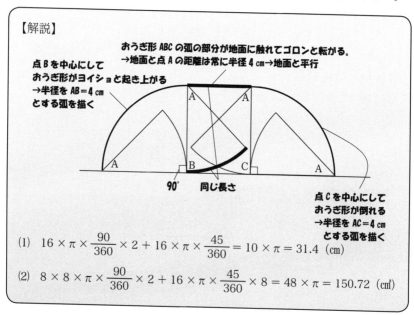

おうぎ形ABCの弧の部分が地面に触れてゴロンと転がる。
→地面と点Aの距離は常に半径4cm→地面と平行

点Bを中心にしておうぎ形がヨイショと起き上がる
→半径を AB＝4cm とする弧を描く

90°　同じ長さ

点Cを中心にしておうぎ形が倒れる
→半径を AC＝4cm とする弧を描く

(1)　$16 \times \pi \times \dfrac{90}{360} \times 2 + 16 \times \pi \times \dfrac{45}{360} = 10 \times \pi = 31.4$ (cm)

(2)　$8 \times 8 \times \pi \times \dfrac{90}{360} \times 2 + 16 \times \pi \times \dfrac{45}{360} \times 8 = 48 \times \pi = 150.72$ (cm²)

【練習1】

下図のように中心角が 30 度で半径が 6cm のおうぎ形 ABC を直線 ℓ にそってすべらないように転がしていきます。円周率は 3.14 として、次の問いに答えなさい。

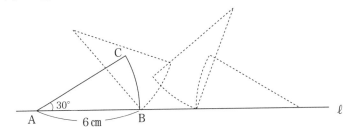

(1) おうぎ形の弧 BC の長さを求めなさい。

(2) 点 A の動いたあとの線の長さを求めなさい。

(3) 点 A の動いたあとの線と、直線 ℓ とで囲まれた部分の面積を求めなさい。

28

【練習2】

下図のように、中心角が 90 度で半径が 4cm のおうぎ形 OAB を直線 ℓ にそってすべらないように 1 回転するまで転がします。円周率は 3.14 として、次の問いに答えなさい。

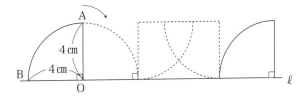

(1) 点 O の動いたあとの長さを求めなさい。

(2) 点 O の動いたあとと直線 ℓ とで囲まれた部分の面積を求めなさい。

テーマ1　点移動

【例題】

図のような AB = 8cm，BC=10cm，CD = 10cm，
AD = 4cm, 角 A= 角 B = 90°の台形があります。
点 P が A を出発して A→B→C→D→A と台
形の辺上を毎秒2cmの速さで動いています。こ
のとき次の問いに答えなさい。

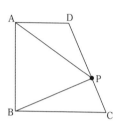

(1)　6秒後の三角形 ABP の面積を求めなさい。

(2)　三角形 ABP の面積が 24cm²になるのは何秒後と何秒後ですか。

【解説】

Point　各頂点における面積を調べましょう。

《4秒後》　　　《8秒後》　　　《13秒後》

0 cm²

32 cm²

16 cm²

各頂点間を通るときの面積の増減割合が一定です。

(1)
$$\begin{array}{ccccc} & +2 & & +2 & \\ 4秒後 & \to & 6秒後 & \to & 8秒後 \\ 0cm² & \to & \square cm² & \to & 32cm² \\ & +①cm² & & +①cm² & \end{array}$$

②= 32
①= 16　□ = **16** (cm²)

(2)
$$\begin{array}{ccccccccc} & +\boxed{3}秒 & & +\boxed{1}秒 & & +\triangle秒 & & +\triangle秒 \\ 4秒後 & \to & \triangle秒後 & \to & 8秒後 & \to & \triangledown秒後 & \to & 13秒後 \\ 0 cm² & \to & 24cm² & \to & 32cm² & \to & 24cm² & \to & 16cm² \\ & +24cm² & & +8 cm² & & -8 cm² & & -8 cm² \end{array}$$

$\boxed{4}$= 4　　　　　　　　$\triangle$ = 5
$\boxed{4}$= 3　$\triangle$ = **7** (秒後)　　　$\triangle$ = 2.5　$\triangledown$ = **10.5** (秒後)

▼解答は 238 ページ

【練習1】

たて 6cm，横 9cmの長方形の周上を点 P は A から
A → D → C → B → A と毎秒 1cmの速さで 1 周し
ます。

(1) 3 秒後の三角形 ABP の面積を求めなさい。

(2) 三角形 ABP の面積が 18cm²になるのは何秒
後と何秒後ですか。

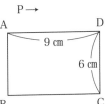

【練習2】

たて 10 cm，横 14 cmの長方形
ABCD と一辺 14 cmの正方形
DGEF があります。点 P が毎秒
2 cmの速さで長方形の辺上を A
から A → B → C → G → E → F
と辺上を進みます。

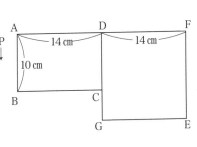

(1) 13 秒後の三角形 ABP の面積を求めなさい。

(2) 三角形 ABP の面積が 110cm²になるのは何秒後ですか。

29

テーマ2　点移動とグラフ

【例題】

図の長方形 ABCD で点 P は B を出発して B → C → D → A と長方形の辺上を毎秒 2cm の速さで動いていきます。このとき点 P が出発してからの時間と三角形 ABP の面積との関係を表したのが下のグラフです。

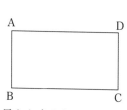
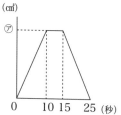

(1) BC の長さを求めなさい。
(2) CD の長さを求めなさい。
(3) ㋐の値を求めなさい。

【解説】

Point　グラフの変化するタイミングでの点 P の位置を確認。

(1) BC 間を 0 ～ 10 の 10 秒間で進むので、2 × 10 = 20 → **20（cm）**

(2) CD 間を 10 ～ 15 の 5 秒間で進むので、2 × 5 = 10 → **10（cm）**

(3)

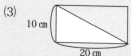

20 × 10 ÷ 2 = **100（cm²）**

▼解答は 238 ページ

【練習1】

図の台形 ABCD で点 P は B を出発して B → A → D → C と台形の辺上を毎秒 1cmの速さで動いていきます。このとき点 P が出発してからの時間と三角形 PBC の面積との関係を表したのが下のグラフです。

(1) AB の長さを求めなさい。

(2) CD の長さを求めなさい。

(3) BC の長さを求めなさい。

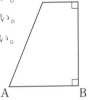
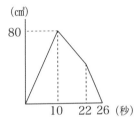

【練習2】

図の台形 ABCD で点 P は B を出発して B → C → D → A と台形の辺上を毎秒 1cmの速さで動いていきます。このときの点 P が出発してからの時間と三角形 ABP の面積との関係を表したものです。

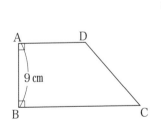
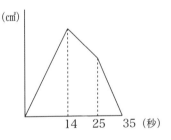

(1) 25 秒後の面積を求めなさい。

(2) 三角形 ABP の面積が 54cm²になるのは何秒後と何秒後ですか。

テーマ 3　点移動と角速度

【例題】

右図で、内側の円のまわりの長さは 20m,
外側の円のまわりの長さは 40m です。A
は毎秒 2m, B も毎秒 2m の速さで図の位
置から同時に出発して矢印の方向にまわる
ものとします。

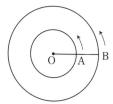

(1)　A は 1 秒間に O のまわりを何度まわりますか。

(2)　出発してからはじめて A と B のきょりが最も遠くなるのは何秒
　　後ですか。

【解説】

> **Point** 　円周上での位置関係は角速度で整理しましょう。
>
> ↓
>
> **1 周（＝ 360°）に何秒かかるのかを考えると 1 秒あたりの
> 角速度が求まります。**

(1)　A は 1 周（＝ 360°）に 20m ÷ 2m/秒＝ 10 秒　360 ÷ 10 ＝ <u>36</u> (°)

(2)　B は 1 周（＝ 360°）に 40m ÷ 2m/秒＝ 20 秒　360 ÷ 20 ＝ 18 (°)

　　最も遠くなるのは 180° 離れたとき

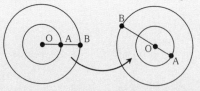

　　　A が B に 180° 差をつける　→　180 ÷ (36 − 18) ＝ <u>10 (秒後)</u>

練習問題の解答

【解答】

No.1 比と割合の基礎概念

テーマ1 約比				練習問題 13P 参照

【練習1】

(1) 9 : 2	(2) 4 : 9	(3) 1 : 3	(4) 8 : 33	(5) 2 : 5
(6) 3 : 8	(7) 3 : 2	(8) 4 : 7	(9) 3 : 5	(10) 3 : 4

【練習2】

(1) 2 : 5	(2) 1 : 30	(3) 11 : 50	(4) 14 : 1	(5) 1 : 2
(6) 5 : 7	(7) 2 : 1	(8) 3 : 5	(9) 9 : 20	(10) 2 : 1

テーマ2 比合わせ		練習問題 15P 参照

【練習】

(1) 10 : 6 : 5	(2) 9 : 15 : 25	(3) 18 : 8 : 15
(4) 15 : 20 : 24	(5) 15 : 18 : 20	(6) 6 : 15 : 8

テーマ3 比例式		練習問題 17P 参照

【練習】

(1) 12	(2) 30	(3) 18	(4) 52
(5) 8.5	(6) $\dfrac{5}{7}$	(7) 1.4	(8) $\dfrac{12}{13}$
(9) $\dfrac{6}{17}$	(10) 7.2	(11) 8	(12) 12

テーマ4 割合の処理		練習問題 19P 参照

【練習】

(1) 27	(2) 49	(3) 64	(4) 25
(5) 75	(6) 32	(7) 80	(8) 40

テーマ5 比づくり		練習問題 21P 参照

【練習1】

(1) 5 : 4	(2) 3 : 4	(3) 1 : 5	(4) 5 : 6	(5) 27 : 14

【練習2】

(1) 15	(2) 20	(3) 28

【練習3】

(1) 7 : 3	(2) 5 : 3	(3) 2 : 3 : 4

No.2 歩合百分率

テーマ1 歩合・百分率   *練習問題 23P 参照*

【練習1】

小数	0.4	0.12	0.375	0.6	0.625	0.06
分数	$\frac{2}{5}$	$\frac{3}{25}$	$\frac{3}{8}$	$\frac{3}{5}$	$\frac{5}{8}$	$\frac{3}{50}$
百分率	40%	12%	37.5%	60%	62.5%	6%
歩合	4割	1割2分	3割7分5厘	6割	6割2分5厘	6分

【練習2】

小数	0.8	0.25	0.46	0.68	0.875	0.08
分数	$\frac{4}{5}$	$\frac{1}{4}$	$\frac{23}{50}$	$\frac{17}{25}$	$\frac{7}{8}$	$\frac{2}{25}$
百分率	80%	25%	46%	68%	87.5%	8%
歩合	8割	2割5分	4割6分	6割8分	8割7分5厘	8分

テーマ2 歩合の計算   *練習問題 27P 参照*

【練習】

(1) 160   (2) 120   (3) 400   (4) 2400   (5) 1 (割) 5 (分)   (6) 4

テーマ3 百分率の計算   *練習問題 29P 参照*

【練習】

(1) 510   (2) 88   (3) 600   (4) 400   (5) 14   (6) 8

【解答】

No.3 比と割合の文章題

| テーマ3　倍数算 (差一定) | | 練習問題 33P 参照 |

【練習】

(1)　3000 円　　　　　(2)　2000 円　　　　　(3) 2700 円

| テーマ4　倍数算 (和一定) | | 練習問題 35P 参照 |

【練習】

(1)　1500 円　　　　　(2)　2000 円　　　　　(3)　4800 円

| テーマ5　倍数算 (等式つくり) | | 練習問題 37P 参照 |

【練習】

(1)　1100 円　　　　　(2)　300 円　　　　　(3)　2800 円

No.4 平面図形の性質

| テーマ1　平行線と角 | | 練習問題 39P 参照 |

【練習】

(1) 90 度　　　　　(2) 70 度　　　　　(3) 120 度

| テーマ2　外角定理 | | 練習問題 41P 参照 |

【練習】

(1) 114 度　　(2) 29 度　　(3) 122 度　　(4) 19 度　　(5) 50 度　　(6) 14 度

No.5 平面図形の求積

| テーマ1　高さ見つけ〜30°問題・45°問題〜 | | 練習問題 45P 参照 |

【練習 1】

(1) 42㎠　　　　　(2) 48㎠　　　　　(3) 25㎠

【練習 2】

(1) 49㎠　　　　　(2) 16㎠　　　　　(3) 4㎠

| テーマ2　複合図形の求積①〜全体から引く〜 | | 練習問題 47P 参照 |

【練習】

(1) 72㎠　　　　　(2) 34㎠　　　　　(3) 60㎠

【解答】

テーマ3　複合図形の求積②〜分ける〜　　　　　　　*練習問題 49P 参照*

【練習】

(1) 68㎠　　　　　　　　　(2) 40㎠　　　　　　　　　(3) 79㎠

テーマ4　複合図形の求積③〜移動する〜　　　　　　　*練習問題 51P 参照*

【練習】

(1) 65㎠　　　　　　　　　(2) 63㎠　　　　　　　　　(3) 12㎠

No.6 相似

テーマ1　相似　　　　　　　　　　　　　　　　　　*練習問題 53P 参照*

【練習】

(1) 辺RQ　　　　　　(2) 1：2　　　　　　(3) 24cm

テーマ2　ピラミッド相似　　　　　　　　　　　　　*練習問題 55P 参照*

【練習1】

(1) 9cm　　　　　　　　(2) 36cm　　　　　　　(3) 10cm

【練習2】

(1) 7cm　　　　　　　　(2) 12cm　　　　　　　(3) 10cm

テーマ3　ちょうちょう相似　　　　　　　　　　　　*練習問題 57P 参照*

【練習1】

(1) 14cm　　　　　　(2) 8cm

【練習2】

(1) 12cm　　　　　　(2) 12cm

テーマ4　直角三角形相似　　　　　　　　　　　　　*練習問題 59P 参照*

【練習1】

(1) 4.5cm　　　　　　(2) 12cm

【練習2】

(1) 24cm　　　　　　(2) 25cm

【解答】

No.7 面積比

テーマ 1　底辺の比 × 高さの比 ＝ 面積比　　　　　　　　**練習問題 61P 参照**

【練習】

	(1)			(2)		(3)	
底辺の比	3	:	5	7 : 12		8 : 15	
	×	×	×	× ×		× ×	
高さの比	2	:	1	9 : 5		5 : 3	
	‖	‖	‖	‖ ‖		‖ ‖	
面積比	**6**	:	**5**	**21 : 20**		**8 : 9**	

テーマ 2　等高図形の面積比　　　　　　　　　　　　　　**練習問題 63P 参照**

【練習 1 】

(1)　5 : 6　(2)　4 : 3

【練習 2 】

(1)　$\dfrac{3}{8}$ 倍　　　　(2)　$\dfrac{4}{11}$ 倍

【練習 3 】

(1)　$\dfrac{2}{9}$ 倍　　　　(2)　$\dfrac{6}{35}$ 倍　　　　(3)　$\dfrac{4}{25}$ 倍

テーマ 3　等底図形の面積比　　　　　　　　　　　　　　**練習問題 65P 参照**

【練習 1 】

7 : 3

【練習 2 】

7 : 5

【練習 3 】

2 : 7

テーマ 4　相似な図形の面積比　　　　　　　　　　　　　**練習問題 67P 参照**

【練習 1 】

(1)　1 : 16　　　(2)　1 : 4　　　(3)　36 : 25　　　(4)　9 : 4　　　(5)　36 : 49

【練習2】

(1) $\dfrac{21}{25}$ 倍 　　(2) $\dfrac{1}{3}$ 倍 　　(3) $\dfrac{7}{12}$ 倍

No.8 食塩水と濃度

テーマ1 濃度	*練習問題 69P 参照*

【練習】

(1) 8 　　(2) 15 　　(3) 16 　　(4) 10 　　(5) 20

テーマ2 中身求め・全体求め	*練習問題 71P 参照*

【練習】

(1) 32 　　(2) 42 　　(3) 450 　　(4) 120

テーマ3 水入れ・蒸発	*練習問題 73P 参照*

【練習】

(1) 8% 　　(2) 150g 　　(3) 12% 　　(4) 135g

テーマ4 混合	*練習問題 75P 参照*

【練習】

(1) 13% 　　(2) 23% 　　(3) 16% 　　(4) 28%

No.9 損益売買算（商売）

テーマ1 割増し	*練習問題 77P 参照*

【練習】

(1) 780 円 　　(2) 575 円 　　(3) 280 円 　　(4) 750 円

テーマ2 割引き	*練習問題 79P 参照*

【練習】

(1) 520 円 　　(2) 440 円 　　(3) 400 円 　　(4) 750 円

テーマ3 原価・定価・売価の整理	*練習問題 81P 参照*

【練習】

(1) 1800 円 　　(2) 350 円 　　(3) 1000 円

テーマ4 多数売り・バーゲン	*練習問 83P 参照*

【練習】

(1) 5000 円 　　(2) 38000 円 　　(3) 4 割引き

【解答】

テーマ5　2通りの値引き　　　　　　　　　　　　*練習問題 85P 参照*

【練習】

(1)　80 円　　　　　　(2)　2400 円　　　　　(3)　4800 円

No.10 約数

テーマ1　約数　　　　　　　　　　　　　　　*練習問題 87P 参照*

【練習】

(1)　6 個　　　　　(2)　10 個　　　　(3)　15 個　　　　(4)　10 個

テーマ2　約数の利用　　　　　　　　　　　　*練習問題 89P 参照*

【練習】

(1)　8　　　　　　(2)　4 個　　　　(3)　6 個　　　　　(4)　6 個

テーマ3　公約数・最大公約数　　　　　　　　*練習問題 91P 参照*

【練習1】

(1)　16　　　(2)　60　　　(3)　72　　　(4)　13　　　(5)　12　　　(6)　13

【練習2】

(1)　1, 2, 3, 4, 6, 8, 12, 24　　　　　(2)　1, 2, 4, 8, 16, 32

No.11 倍数

テーマ1　倍数　　　　　　　　　　　　　　　*練習問題 95P 参照*

【練習】

(1)　203　　　　　　(2)　1001　　　(3)　225 個　　　(4)　111

テーマ2　公倍数・最小公倍数　　　　　　　　*練習問題 97P 参照*

【練習1】

(1)　72　　　　　　(2)　432　　　(3)　180　　　(4)　540

【練習2】

540

テーマ3　重なりの処理　　　　　　　　　　　*練習問題 99P 参照*

【練習1】

(1)　50 個　　　　(2)　50 個　　　(3)　25 個

【解答】

【練習2】

(1) 420個　　　(2) 480個　　　(3) 240個

テーマ4　あまりからの数あて　　　　　　　　*練習問題101P 参照*

【練習】

(1) 131　　(2) 57　　(3) 5個　　(4) 57　　(5) 136　　(6) 5個

テーマ5　倍数判定　　　　　　　　　　　*練習問題103P 参照*

【練習】

(1) 0, 2, 4, 6, 8　　(2) 1, 4, 7　　　(3) 3, 7

(4) 4　　　　　　　　(5) 0, 6　　　　(6) 2, 8

No.12 規則性

テーマ1　奇数・偶数　　　　　　　　　　*練習問題105P 参照*

【練習】

(1) 199　　　　　(2) 115　　　　　(3) 50番目

(4) 79番目　　　(5) 2500　　　　(6) 361

テーマ2　等差数列　　　　　　　　　　　*練習問題107P 参照*

【練習1】

(1) 12番目　　　(2) 148　　　(3) 1900

【練習2】

(1) 23番目　　　(2) 171　　　(3) 3720

テーマ3　群数列　　　　　　　　　　　*練習問題109P 参照*

【練習1】

(1) 20回　　　(2) 79番目　　(3) 136

【練習2】

(1) 31回　　　(2) 78番目　　(3) 443番目

テーマ4　日暦算（曜日計算）　　　　　　　*練習問題111P 参照*

【練習】

(1) 水曜日　　(2) 日曜日　　(3) 月曜日　　(4) 月曜日　　(5) 金曜日

【解答】

No.13 和差に関する文章題

練習問題 117P 参照

(1)　150 円
(2)　みかん 30 円　りんご 80 円
(3)　33 さつ
(4)　りんご 20 個　りんご 15 個
(5)　4 回目

No.14 速さの基本計算

テーマ 5　旅人算〜キョリの和・差に注目〜
練習問題 123P 参照

【練習 1】
(1)　30 分後
(2)　12 分後

【練習 2】
(1)　900
(2)　32

No.15 速さと比

テーマ 1　時間一定
練習問題 126 〜 127P 参照

【練習 1】
(1)　24km
(2)　30km
(3)　1200m

【練習 2】
(1)　960m
(2)　32km

テーマ 2　キョリ一定
練習問題 130 〜 131P 参照

【練習 1】
(1)　120km
(2)　100km
(3)　時速 21km
(4)　4800m

【練習 2】
(1)　8 時 7 分
(2)　800m

No.16 通過算

練習問題 140P 参照

(1)　360m
(2)　秒速 25m
(3)　12 秒
(4)　20 秒

No.17 流水算

テーマ1 速さの整理　　　　　　　　　　　*練習問題 141P 参照*

(1)　時速 25km　　　(2)　時速 1km　　　(3)　9 時間

No.18 時計算

テーマ1 時計と角速度　　　　　　　　　　*練習問題 143P 参照*

【練習】

(1)　120°　　　　(2)　90°　　　　(3)　300°

(4)　78°　　　　(5)　5°　　　　(6)　24°

テーマ2 時刻から角度　　　　　　　　　　*練習問題 145P 参照*

【練習】

(1)　125°　　(2)　7°　　(3)　28°　　(4)　129°　　(5)　153°

テーマ3 角度から時刻①〜重なり〜　　　　*練習問題 147P 参照*

【練習】

(1)　2 時 $\dfrac{120}{11}$ 分　　　　　　(2)　5 時 $\dfrac{300}{11}$ 分

(3)　8 時 $\dfrac{480}{11}$ 分　　　　　　(4)　10 時 $\dfrac{600}{11}$ 分

テーマ4 角度から時刻②〜一直線〜　　　　*練習問題 149P 参照*

【練習】

(1)　7 時 $\dfrac{60}{11}$ 分　　　　　　(2)　10 時 $\dfrac{240}{11}$ 分

(3)　2 時 $\dfrac{480}{11}$ 分　　　　　　(4)　3 時 $\dfrac{540}{11}$ 分

テーマ5 角度から時刻③〜2回〜　　　　　*練習問題 151P 参照*

【練習】

(1)　5 時 $\dfrac{120}{11}$ 分　,　5 時 $\dfrac{480}{11}$ 分

(2)　6 時 $\dfrac{240}{11}$ 分　,　6 時 $\dfrac{480}{11}$ 分

【解答】

(3) 8 時 $\frac{300}{11}$ 分

(4) 10 時 $\frac{60}{11}$ 分 ， 10 時 $\frac{420}{11}$ 分

No.19 グラフの読み書き

テーマ 3 キョリ一定（出会い） *練習問題 155P 参照*

【練習 1】	【練習 2】
10 時 24 分	時速 24km

テーマ 4 キョリ一定（追いつき） *練習問題 157P 参照*

【練習 1】	【練習 2】
11 時 20 分	時速 90km

No.21 曲線図形の求積

テーマ 3 おうぎ形の弧・面積 *練習問題 165P 参照*

【練習】

(1) 12.56cm   (2) 75.36㎠   (3) 12.56cm

(4) 125.6㎠   (5) 135 度   (6) 270 度

テーマ 4 中心と結ぶ *練習問題 167P 参照*

【練習】

(1) 30.5㎠   (2) ① 114㎠ ② 228㎠   (3) 57㎠

テーマ 5 半径 × 半径 *練習問題 169P 参照*

【練習】

(1) 56.52㎠   (2) 82.08㎠   (3) 6.88㎠

No.22 立方体の展開図と柱体の求積

練習問題 175P 参照

	(1)	(2)	(3)	(4)
体積	320㎤	125.6㎤	112㎤	4710㎤
表面積	344㎠	282.6㎠	168㎠	1770㎠

No.24　回転体切断オイラー

テーマ1　回転体　　　　　　　　　　　　　　*練習問題 183P 参照*

【練習1】
(1)　301.44cm³　　　(2)　87.92cm³　　　(3)　125.6cm³

【練習2】
(1)　188.4cm³　　　(2)　395.64cm³　　　(3)　175.84cm³

テーマ2　立体の切断①〜結ぶ・平行〜　　　*練習問題 185P 参照*

【練習】
(1)　二等辺三角形　　(2)　長方形　　(3)　ひし形　　(4)　平行四辺形

テーマ3　立体の切断②〜延長〜　　　　　　　*練習問題 187P 参照*

【練習1】　　　　　　　　【練習2】
2.4cm　　　　　　　　　　3cm

テーマ4　面・頂点・辺の数　　　　　　　　　*練習問題 189P 参照*

【練習1】

	面の数	頂点の数	辺の数
五角柱	7	10	15
三角すい	4	4	6
四角すい台	6	8	12

【練習2】

	面の数	頂点の数	辺の数
正四面体	4	4	6
立方体	6	8	12
正十二面体	12	20	30
正二十面体	20	12	30

【解答】

$No.25$　場合の数

テーマ1　場合分けして数える
練習問題 191P 参照

【練習】

(1)　12通り　　　　(2)　13通り　　　(3)　6通り　　　　(4)　15通り

テーマ2　順列（ならべる）
練習問題 193P 参照

【練習1】

(1)　120通り　　　　(2)　48通り

【練習2】

(1)　210通り　　　　(2)　20通り　　　(3)　90通り

テーマ3　組み合わせ（選ぶ）
練習問題 195P 参照

【練習】

(1)　6通り　　　　(2)　15通り　　　(3)　35通り

(4)　210通り　　　(5)　45通り　　　(6)　210通り

テーマ4　同じものを含む順列
練習問題 197P 参照

【練習1】

(1)　28通り　　　　(2)　120通り　　　(3)　56通り

【練習2】

(1)　126通り　　　　(2)　17通り

$No.26$　水問題

テーマ1　移し替え
練習問題 199P 参照

【練習1】

　2cm

【練習2】

(1)　2.5cm　　　(2)　2cm

テーマ2　傾け
練習問題 201P 参照

【練習1】

250cm²

【練習2】

$\dfrac{18}{7}$ cm

【解答】

テーマ3 ひっくり返し   *練習問題 203P 参照*

【練習1】

  14.8cm

【練習2】

  7.5cm

テーマ4 物体入れ   *練習問題 205P 参照*

【練習1】

  8cm

【練習2】

  10.6cm

No.27 図形の移動①

テーマ3 回転移動   *練習問題 209P 参照*

【練習1】

(1) 53.68cm   (2) 75.36cm²

【練習2】

 18.84cm²

【練習3】

(1) 37.68cm   (2) 31.4cm²

No.28 図形の移動②

テーマ1 転がり移動   *練習問題 211P 参照*

【練習1】

(1) 18.84cm   (2) 51.25cm²

【練習2】

 25.12cm

テーマ2 円転がり①   *練習問題 213P 参照*

【練習1】

(1) 57.12cm   (2) 456.96cm²

【解答】

【練習2】

(1) 54.84cm (2) 329.04㎠

【練習3】

(1) 36cm (2) 49.86㎠

テーマ3　円転がり②　　　　　　　　　　　　　　　　練習問題215P 参照

【練習1】

125.6cm

【練習2】

(1) 41.12cm (2) 164.48㎠

テーマ4　おうぎ形転がり　　　　　　　　　　　　　　練習問題217P 参照

【練習1】

(1) 3.14cm (2) 21.98cm (3) 75.36㎠

【練習2】

(1) 18.84cm (2) 50.24㎠

No.29　図形の移動③

テーマ1　点移動　　　　　　　　　　　　　　　　　　練習問題219P 参照

【練習1】

(1) 9㎠ (2) 6秒後と18秒後

【練習2】

(1) 70㎠ (2) 18秒後

テーマ2　点移動とグラフ　　　　　　　　　　　　　　練習問題221P 参照

【練習1】

(1) 10cm (2) 4cm (3) 16cm

【練習2】

(1) 45㎠ (2) 12秒後と19.5秒後

■著者紹介■

算数ソムリエ（さんすうそむりえ）

大手中学受験進学塾にて、灘中や東大寺中や洛南中、開成中や筑駒中や麻布中などの中学受験最高峰レベルの指導に長年携わり、高いレベルの指導技術やノウハウで多くの合格者輩出に尽力してきた中学受験トップレベル算数講師。オンライン個別指導や配信講座を希望される方は、

https://math-study-collabo-club.jimdo.com/

からお問い合わせください。

ブログ（https://ameblo.jp/sansu-sommelier/）、YouTube、X（旧 Twitter）note 等で中学受験や受験算数に関する情報も発信中。

難関中学受験生が必ず固めるべき
算数の土台完成バイブル
123

2023 年 12 月 20 日　初版第 1 刷発行

著　者　算数ソムリエ
編集人　清水智則　発行所　エール出版社
〒 101-0052　東京都千代田区神田小川町 2-12　信愛ビル 4 F
電話　03(3291)0306　　FAX　03(3291)0310
メール　info@yell-books.com

＊乱丁・落丁本はおとりかえします。

＊定価はカバーに表示してあります。

© 禁無断転載

ISBN978-4-7539-3558-1

美しい灘中入試算数大解剖
平面図形・数分野

―受験算数最高峰メソッド―

中学入試算数で問題のレベル設定・精度の高さは灘中が圧倒的。本書で中学入試算数の最高峰メソッドを身につければ、どんな中学入試算数も面白いほど簡単に解ける。

第 1 章　平面図形
第 2 章　数の性質
第 3 章　場合の数

定価 1700 円（税別）
ISBN978-4-7539-3529-1

灘中・開成中・筑駒中
受験生が必ず解いておくべき **算数 101 問**

入試算数最高峰レベルの問題を解く前に、これだけは押さえておきたい問題を厳選。

第 1 部：101 問の前に　基本の確認 35 問

　和と差に関する文章題／比と割合に関する文章題／数と規則性／平面図形／立体図形／速さ／場合の数

第 2 部：灘中・開成中・筑駒中受験生が必ず解いておくべき 101 問

　数の性質／規則性／和と差に関する文章題／比と割合に関する文章題／平面図形／立体図形／速さ／図形の移動／水問題／場合の数

大好評！
改訂版出来 !!

定価 1500 円（税別）
ISBN978-4-7539-3499-7

算数ソムリエ・著